# 深入理解边缘计算

## 云、边、端工作原理与源码分析

崔广章　著

DEEP UNDERSTANDING OF EDGE COMPUTING

机械工业出版社
China Machine Press

图书在版编目（CIP）数据

深入理解边缘计算：云、边、端工作原理与源码分析 / 崔广章著 . -- 北京：机械工业出版社，2021.6（2023.11 重印）
ISBN 978-7-111-68422-0

I. ①深… II. ①崔… III. ①无线电通信 – 移动通信 – 计算 IV. ① TN929.5

中国版本图书馆 CIP 数据核字（2021）第 100135 号

深入理解边缘计算：云、边、端工作原理与源码分析

出版发行：机械工业出版社（北京市西城区百万庄大街 22 号 邮政编码：100037）
责任编辑：董惠芝 责任校对：马荣敏
印 刷：北京建宏印刷有限公司 版 次：2023 年 11 月第 1 版第 3 次印刷
开 本：186mm × 240mm 1/16 印 张：15.5
书 号：ISBN 978-7-111-68422-0 定 价：89.00 元

客服电话：（010）88361066 68326294

# Preface 前 言

## 为何写作本书

随着5G、AR/VR、高清视频、自动驾驶等新技术的兴起，电信网络正面临实时计算能力、超低时延、超大带宽等带来的新的挑战。而只有促进边缘计算产业发展，构建健康的生态环境，才能使终端用户获得新技术带来的极致体验，以及更加丰富、安全、可靠的应用。因此，近年来移动运营商、网络设备供应商、应用开发商、内容提供商等纷纷加入移动边缘计算领域，促使这一技术快速发展。

目前，很多研究机构制定了针对边缘计算的专项计划，比如斯坦福大学的PlatformLab、卡内基梅隆大学的Open Edge Computing基金会等。互联网企业也针对边缘计算推出了相关产品，比如亚马逊的AWS GreenGrass Core、微软的Azure Functions on IoT Edge、阿里巴巴的Link Edge、百度的IoT Intelligent Edge。除此之外，全球范围的各大通信运营商也都陆续发布了边缘计算白皮书。

边缘计算得到了很多行业和组织的重视，但是目前市场上针对边缘计算系统性分析的图书还很少。于是，笔者萌生了写一本书的想法，想从边缘计算系统的部署切入，系统分析边缘计算系统的云、边、端的原理架构和源码。

## 读者对象

- 云计算领域从业者

- 边缘计算领域从业者
- 物联网领域从业者
- 应用运维、开发人员
- 数据中心运维人员
- 在校计算机类专业学生
- 物联网领域的科研人员

## 本书特色

边缘计算的意义在于云、边、端的协同，而不应该将边缘计算看作独立于云计算的计算平台，甚至是云计算的对立面。目前，针对云、边、端都有不止一种开源计算框架，但每种计算框架又各有其侧重点，在这种现状下为云、边、端各选一种比较合适的计算框架进行集成，打造一套云、边、端协同的边缘计算系统，并对该系统的部署方法、内部原理和相关源码进行解析是有现实意义的。

本书的云组成部分选择 Kubernetes，边组成部分选择 KubeEdge，端组成部分选择 EdgeX Foundry，对云、边、端各部分都进行了从架构到源码的系统分析，内容系统性强，受众群体广，从在校计算机类专业学生到云计算、边缘计算和物联网领域专家，都可以参考本书。

## 如何阅读本书

本书围绕云、边、端展开介绍，整体分为 3 篇。

基础篇（第 1～2 章）

首先介绍边缘计算概念、边缘计算系统的具体组成，对边缘计算系统中的相关概念进行解析；然后给出边缘计算系统所需的自动化部署脚本，读者可以根据脚本轻松地将边缘计算系统整体框架部署起来，并在其上进行管理和部署应用；最后从管理终端设备应用的部署方式入手，对比分析该应用在云数据中心部署和以云、边、端协同的方式部署的利弊，从而引出使用边缘计算的必要性。

原理篇（第3～6章）

为了使读者能够对边缘计算系统有一个全面、深入的了解，本篇将组成边缘计算系统的云、边、端分开介绍，逐步部署，并对每部分的配置项进行详细说明：云包括以系统进程方式部署和以容器化方式部署两种；边由与云控制节点交互的部分和在边缘管理负载的部分组成，与云控制节点交互的部分包括以系统进程方式部署和以容器化方式部署两种，在边缘管理负载的部分只有以系统进程方式部署一种；端包括以系统进程方式部署和以容器化方式部署两种。

源码分析篇（第7～9章）

通过对边缘计算系统部署和配置的详细说明，读者对边缘计算最佳实践的云、边、端部分有了一个相对深入的了解，但还停留在各部分的具体组成组件和相关配置说明层面。本篇会对组成边缘计算系统的云、边、端部分进行源码分析，并对每部分组件之间的逻辑关系进行详细说明。

## 勘误和支持

由于笔者水平有限，书中难免会出现一些错误或者不准确的地方，恳请读者批评指正。为此，笔者特意创建了一个在线支持与应急方案的微信群——EdgeComputing，你可以将书中的错误发布在该微信群。同时，如果你遇到任何问题，可以发送邮件到 cuiguangzhang@gmail.com 或者在读者群（群号：33905630）进行提问，我将尽可能及时提供满意的解答。如果你有更多宝贵的意见，也欢迎发送邮件至该邮箱，期待你们的真挚反馈。

## 致谢

首先要感谢开源社区，让我有机会接触、学习和分析 Kubernetes、KubeEdge 和 EdgeX Foundry 这些优秀的软件。

感谢之江实验室，为我提供了一个良好的工作环境，还有齐全的实验设备。

感谢浙江省重点研发计划项目“基于数字孪生的智慧高速公路交通流全时空管控关键技术及应用示范”，使得书中相关技术得到验证。

感谢之江实验室的研究专家华炜老师，在本书的写作过程中他从整体到具体细节都给予了笔者耐心的指导。

感谢《深度实践 KVM》作者肖力老师和公众号“云技术”的北极熊老师的引荐，在他们的努力下才促成了本书的合作与出版。

感谢机械工业出版社的编辑，他们始终支持我的写作，引导我顺利完成了全部书稿。

最后感谢家人的理解与支持，让我可以在工作之余全身心地投入本书的写作，并在迷惑时给予我信心和力量！

崔广章

*Contents* 目录

## 源码分析篇

# 基 础 篇

第 1 章 Chapter 1

# 边缘计算入门

本章将从边缘计算系统的组成和概念解析、边缘计算的意义、边缘计算系统的部署与管理、不同应用部署方式的比较 4 个方面对边缘计算系统进行介绍。

## 1.1 边缘计算系统

本节从组成部分和概念解析两方面来说明边缘计算系统。

1）组成部分：边缘计算系统由云、边、端三部分组成，每部分的解决方案不止一种。本书的云组成部分选择 Kubernetes，边组成部分选择 KubeEdge，端组成部分选择 EdgeX Foundry。

2）概念解析：对组成边缘计算系统的云、边、端三部分涉及的相关概念进行说明。

### 1.1.1 边缘计算系统的组成

1. 云——Kubernetes

Kubernetes 是 Google 开源的大规模容器编排解决方案。整套解决方案由核心组件、第三方组件和容器运行时组成，具体如表 1-1 所示。

表 1-1 Kubernetes 组成部分说明

| 组成部分 | 组件名称 | 组件作用 | 备注 |
|---|---|---|---|
| 核心组件 | Kube-apiserver | Kubernetes 内部组件相互通信的消息总线，对外暴露集群 API 资源的唯一出口 | |
| | Kube-controller | 保证集群内部资源的现实状态与期望状态保持一致 | |
| | Kube-scheduler | 将需要调度的负载与可用资源最佳匹配 | |
| | Kube-proxy | 为节点内的负载访问和节点间的负载访问做代理 | |
| | Kubelet | 根据 Kube-scheduler 的调度结果，操作相应负载 | |
| 第三方组件 | Etcd | 存储集群的元数据和状态数据 | |
| | Flannel | 集群的跨主机负载网络通信的解决方案 | 需要对原来的数据包进行额外的封装、解封装，性能损耗较大 |
| | Calico | 集群的跨主机负载网络通信的解决方案 | 纯三层网络解决方案，不需要额外的封装、解封装，性能损耗较小 |
| | CoreDNS | 负责集群中负载的域名解析 | |
| 容器运行时 | Docker | 目前默认的容器运行时 | |
| | Containerd | 比 Docker 轻量，稳定性与 Docker 相当的容器运行时 | |
| | Cri-o | 轻量级容器运行时 | 目前稳定性没有保证 |
| | Frakti | 基于 Hypervisor 的容器运行时 | 目前稳定性没有保证 |

### 2. 边——KubeEdge

KubeEdge 是华为开源的一款基于 Kubernetes 的边缘计算平台，用于将容器化应用的编排功能从云扩展到边缘的节点和设备，并为云和边缘之间的网络、应用部署和元数据同步提供基础架构支持。KubeEdge 使用 Apache 2.0 许可，并且可以免费用于个人或商业用途。

KubeEdge 由云部分、边缘部分和容器运行时组成，具体如表 1-2 所示。

表 1-2　KubeEdge 组成部分说明

| 组成部分 | 组件名称 | 组件作用 | 备　注 |
| --- | --- | --- | --- |
| 云部分 | CloudCore | 负责将云部分的事件和指令下发到边缘端，同时接收边缘端上报的状态信息和事件信息 | |
| 边缘部分 | EdgeCore | 接收云部分下发的事件和指令，并执行相关指令，同时将边缘的状态信息和事件信息上报到云部分 | |
| 容器运行时 | Docker | 目前，KubeEdge 默认支持 Docker | 官方表示未来会支持 Containerd、Cri-o 等容器运行时 |

### 3. 端——EdgeX Foundry

EdgeX Foundry 是一个由 Linux 基金会运营的开源边缘计算物联网软件框架项目。该项目的核心是基于与硬件和操作系统完全无关的参考软件平台建立的互操作框架，构建即插即用的组件生态系统，加速物联网方案的部署。EdgeX Foundry 使有意参与的各方在开放与互操作的物联网方案中自由协作，无论其是使用公开标准还是私有方案。

EdgeX Foundry 微服务集合构成了 4 个微服务层及两个增强的基础系统服务。4 个微服务层包含从物理域数据采集到信息域数据处理等一系列服务，两个增强的基础系统服务为 4 个微服务层提供服务支撑。

4 个微服务层从物理层到应用层依次为设备服务（Device Service）层、核心服务（Core Service）层、支持服务（Supporting Service）层、导出服务（Export Service）层，两个增强的基础系统服务包括安全和系统管理服务，具体说明如表 1-3 所示。

表 1-3　EdgeX Foundry 组成部分说明

| 组成部分 | 组件名称 | 组件作用 | 备　注 |
| --- | --- | --- | --- |
| 设备服务层 | Device-modbus-go | Go 实现对接使用 Modbus 协议设备的服务 | |
| | Device-camera-go | Go 实现对接摄像头设备的服务 | |
| | Device-snmp-go | Go 实现对接 SNMP 服务 | |
| | Device-mqtt-go | Go 实现对接使用 MQTT 协议设备的服务 | |
| | Device-sdk-go | Go 实现对接其他设备的 SDK | SDK 给设备接入提供了较大的灵活性 |

（续）

| 组成部分 | 组件名称 | 组件作用 | 备　注 |
|---|---|---|---|
| 核心服务层 | Core-command | 负责向南向设备发送命令 | |
| | Core-metadata | 负责设备自身能力描述，提供配置新设备，并将它们与其拥有的设备服务配对的功能 | |
| | Core-data | 负责采集南向设备层数据，并向北向服务提供数据服务 | |
| | Registry & Config | 负责服务注册与发现，为其他 EdgeX Foundry 微服务提供关于 EdgeX Foundry 的相关服务的信息，包括微服务配置属性 | |
| 支持服务层 | Support-logging | 负责日志记录 | |
| | Support-notification | 负责事件通知 | |
| | Support-scheduler | 负责数据调度 | |
| 导出服务层 | Export-client | 导出数据的客户端 | |
| | Export-distro | 导出数据的应用 | |
| 两个增强的基础系统服务 | System-mgmt-agent | 提供启动、停止所有微服务的 API | |
| | Sys-mgmt-executor | 负责启动、停止所有微服务的最终执行 | |

### 1.1.2 概念解析

组成边缘计算系统的云、边、端三部分的相关概念如下。

- 云：涉及的概念包括 Container、Pod、ReplicaSet、Service、Deployment、DaemonSet、Job、Volume、ConfigMap、NameSpace、Ingress 等。
- 边：目前边缘系统的实现方式是通过对云原有的组件进行裁剪并下沉到边缘，所以边涉及的概念是云的子集，而且与云保持一致。
- 端：部署在边上的一套微服务，目前没有引入新的概念。

目前，边和端都在沿用云的概念，所以本节主要是对云的概念进行解析。下面以图解的形式对云涉及的相关概念进行说明。由图 1-1 可知，Container（容器）是在操作系统之上的一种新的环境隔离技术。使用容器隔离出的独立空间包含应用所需的运行时环境和依赖库。在同一台主机上，容器共享操作系统内核。

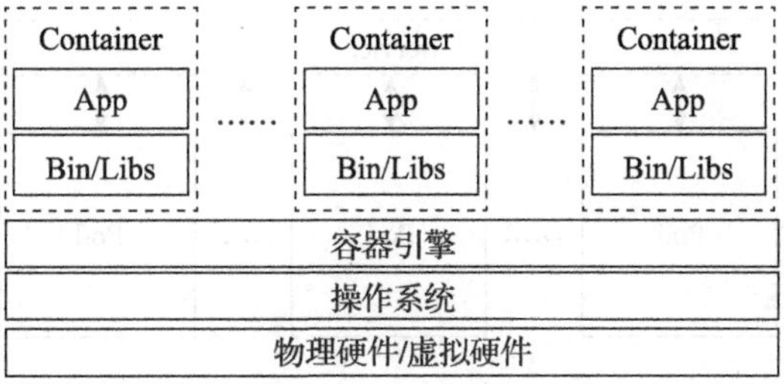


图 1-1　Container 解析

由图 1-2 可知，Pod 是由一组容器组成的，在同一个 Pod 内的容器共享存储和网络命名空间。在边缘计算系统中，Pod 是最小的可调度单元，也是应用负载的最终载体。

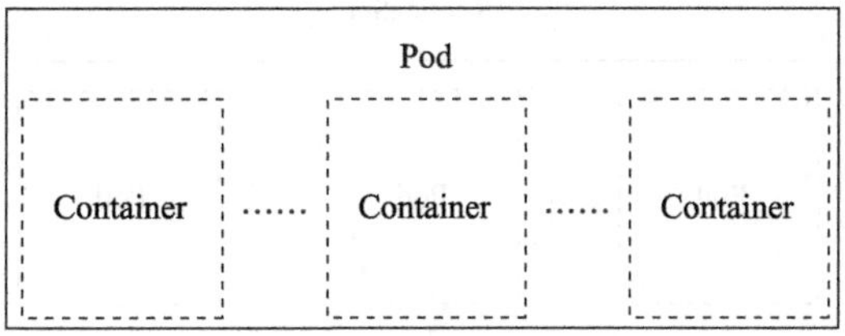


图 1-2　Pod 解析

由图 1-3 可知，ReplicaSet 用来管理 Pod，负责让 Pod 的期望数量与 Pod 真实数量保持一致。在边缘计算系统中，ReplicaSet 负责维护应用的多实例和故障自愈。

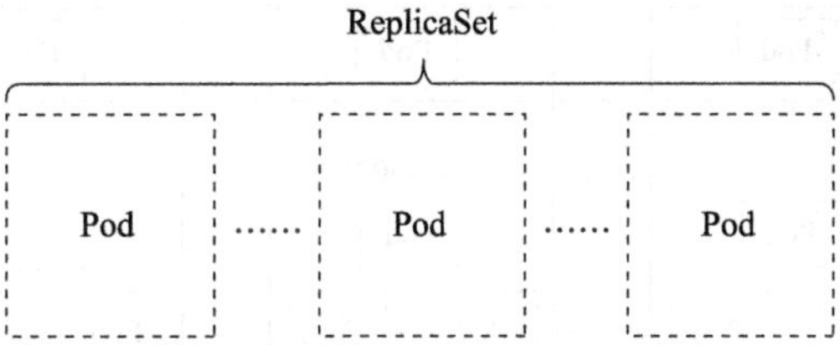


图 1-3　ReplicaSet 解析

由图 1-4 可知，Service 作为一组 Pod 的访问代理，在多个 Pod 之间做负载均衡。Pod 的生命周期相对比较短暂，变更频繁。Service 除了为与之相关的 Pod 做访问代理和负载均衡外，还会维护与 Pod 的对应关系。

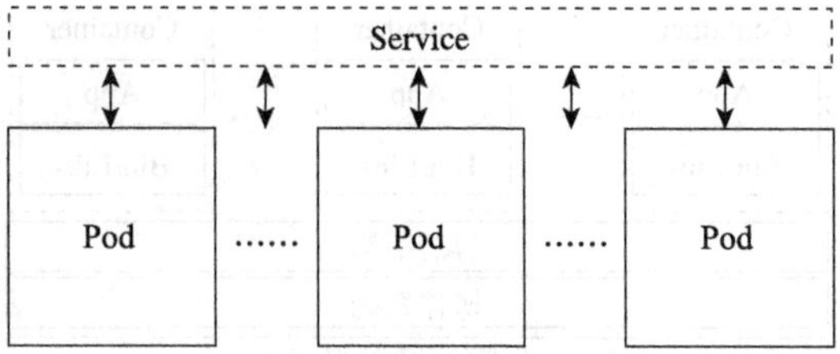


图 1-4　Service 解析

由图 1-5 可知，Deployment 是 ReplicaSet 的抽象，在 ReplicaSet 的基础上增加了一些高级功能。其功能和应用场景与 ReplicaSet 相同。

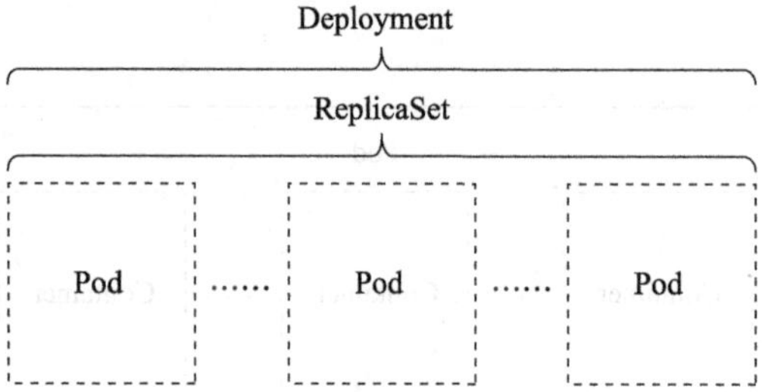


图 1-5　Deployment 解析

由图 1-6 可知，DaemonSet 负责让指定的 Pod 在每个节点上都启动一个实例。该功能一般用在部署网络插件、监控插件和日志插件的场景。

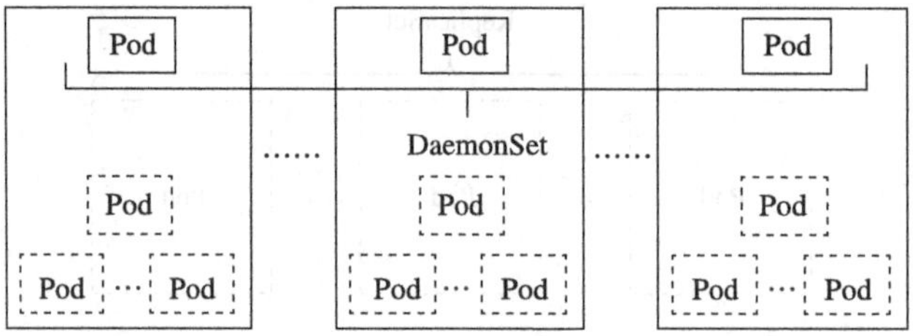


图 1-6　DaemonSet 解析

由图 1-7 可知，Job 用来管理批量运行的 Pod，该管理类型的 Pod 会被定期批量触发。与 Deployment 管理的 Pod 不同，Job 管理的 Pod 执行完相应的任务后就退出，不会一直驻留。在边缘计算系统中，一般用 Job 所管理的 Pod 来训练 AI 模型。

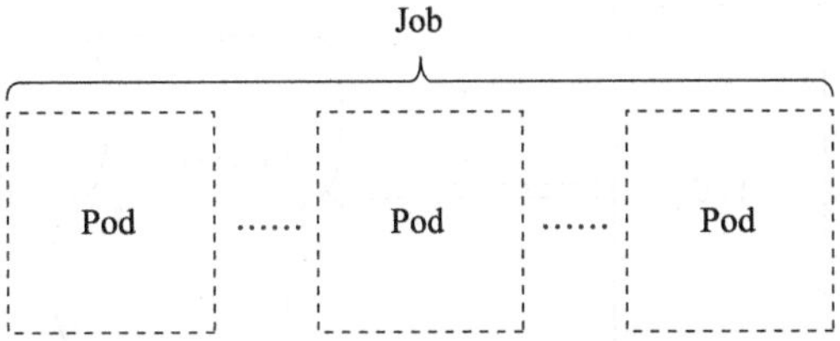


图 1-7　Job 解析

由图 1-8 可知，Volume 是用来给 Pod 提供存储的，通过挂载的方式与对应 Pod 关联。Volume 分临时存储和持久存储，临时存储类型的 Volume 会随着 Pod 的删除而被删除，持久存储类型的 Volume 不会随着 Pod 的删除而被删除。

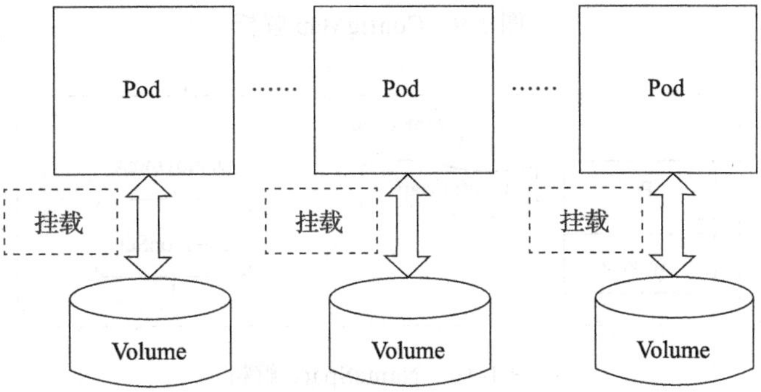


图 1-8　Volume 解析

由图 1-9 可知，ConfigMap 作为 Pod 存储配置文件的载体，通过环境变量（env）和文件卷的方式与 Pod 进行关联。在边缘计算系统中，以 ConfigMap 方式来管理配置信息会更方便。ConfigMap 还可以对配置中的敏感信息进行加密，使配置信息更安全。

由图 1-10 可知，NameSpace 是对 Pod、Service、ConfigMap、Deployment、DaemonSet 等资源进行隔离的一种机制，一般用在同一公司的不同团队隔离资源的场景。边缘计算系统使用 NameSpace 来对一个团队可以使用的资源（CPU、内存）和创建的负载所需要的资源进行限制。

由图 1-11 可知，Ingress 可作为集群内与集群外相互通信的桥梁——将集群内的服务暴露到集群外，同时可以对进入集群内的流量进行合理的管控。在边缘计算系统中，Ingress 是一种资源对象，需要配合 Ingress Controller 和反向代理工作。

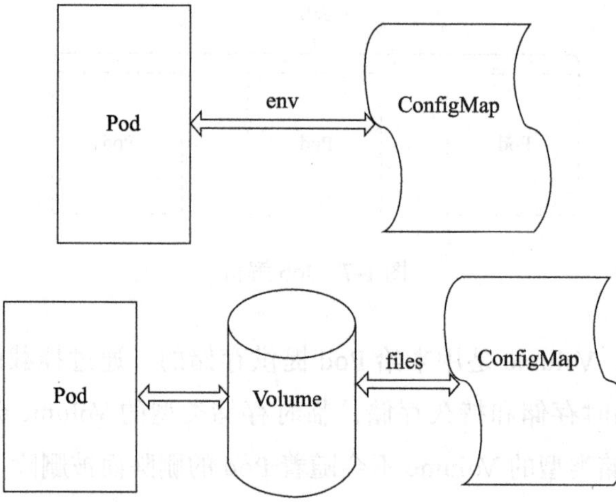


图 1-9　ConfigMap 解析

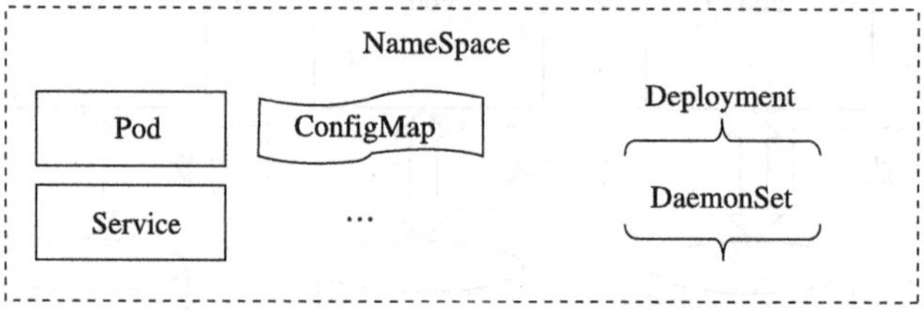


图 1-10　NameSpace 解析

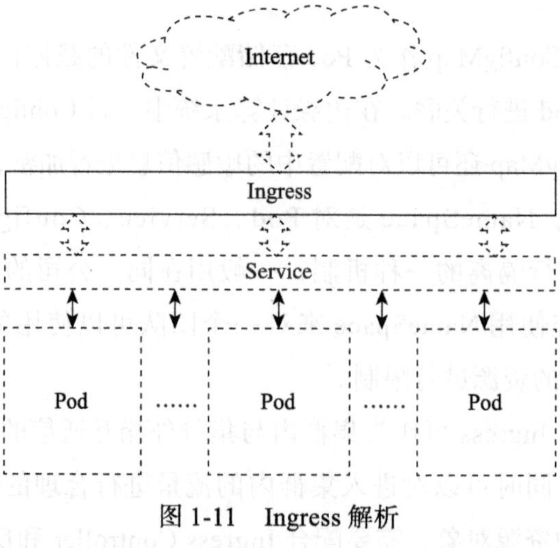


图 1-11　Ingress 解析

## 1.2　边缘计算的意义

随着移动互联网技术的发展，智能终端设备和各种物联网设备的数量急剧增加。在 5G 和万物互联时代，传统云计算中心集中存储、计算的模式已经无法满足终端设备对低时延、高带宽、强算力的需求。将云数据中心的计算能力下沉到边缘，甚至终端设备，并通过云数据中心进行统一交付、运维、管理是云计算的趋势。这也催生了边缘计算。

边缘计算为终端用户提供实时、动态和智能的服务计算。边缘计算会将计算推向更接近用户的实际现场，这与需要在云端进行计算的传统云计算有着本质的区别。而这些区别主要表现在带宽负载、资源浪费、安全隐私保护以及异构多源数据处理上。

## 1.3　边缘计算系统的部署与管理

本节对边缘计算系统的部署采用两个节点的形式，即将边缘计算系统的云部分 Kubernetes 部署在云控制节点，边缘部分 KubeEdge 和端部分 EdgeX Foundry 部署在边缘计算节点。这样做的目的是让读者能够快速部署边缘计算系统。通过操作已运行的系统，读者可对本书要讲的边缘计算系统有一个感性认识。

### 1.3.1　系统部署

本节将对边缘计算系统部署所需要的主机环境和部署 Docker、Kubernetes、KubeEdge 和 EdgeX Foundry 的相关步骤进行说明。

#### 1. 主机环境

表 1-4 是部署边缘计算系统的两台主机的详细配置，该环境包含两个节点，即云控制节点和边缘计算节点。

表 1-4 部署边缘计算系统主机配置

| | 操作系统 | CPU/ 内存 | 磁盘 | 带宽 |
|---|---|---|---|---|
| 云控制节点 | CentOS 7.7 64 位 | 2vCPU/8GB | 100GB | 2Mbit/s |
| 边缘计算节点 | CentOS 7.7 64 位 | 4vCPU/16GB | 40GB | 2Mbit/s |

## 2. 部署 Docker

本节 Docker 的安装步骤适合 CentOS 7.7 64 位操作系统，具体安装步骤如下。其他操作系统请读者参考 Docker 官网相关安装文档。

1）卸载之前安装的老版本 Docker（可选），命令如下：

```
# yum remove docker docker-client docker-client-latest docker-common
docker-latest docker-latest-logrotate docker-logrotate docker-engine
```

2）安装 Docker Repository，命令如下：

```
# yum install -y yum-utils device-Mapper-persistent-data lvm2
```

配置安装 Docker 时需要的仓库链接，命令如下：

```
# yum-config-manager  --add-repo https://download.docker.com/linux/centos/
    docker-ce.repo
```

3）安装 Docker Engine-Community（最新版本），命令如下：

```
# yum install docker-ce docker-ce-cli containerd.io
```

4）查看已安装的 Docker 相关包，命令如下：

```
# yum list docker-ce --showduplicates | sort -r
```

5）启动 Docker，命令如下：

```
# systemctl start docker
```

6）查看 Docker 运行状态，确认 Docker 已经正常运行，命令如下：

```
# systemctl status docker
```

如果输出类似图 1-12 的信息，说明 Docker 已经正常运行。

```
[root@all-in-one ~]# systemctl status docker
● docker.service - Docker Application Container Engine
   Loaded: loaded (/usr/lib/systemd/system/docker.service; disabled; vendor preset: disabled)
   Active: active (running) since Sun 2020-01-19 15:07:51 CST; 1min 13s ago
     Docs: https://docs.docker.com
 Main PID: 2071 (dockerd)
    Tasks: 12
   Memory: 46.7M
   CGroup: /system.slice/docker.service
           └─2071 /usr/bin/dockerd -H fd:// --containerd=/run/containerd/containerd.sock
```

图 1-12　Docker 运行状态

### 3. 部署 Kubernetes

下面介绍 Kubernetes16.5 的部署。本书的边缘计算系统中只需要部署 Kubernetes Master 节点，并将其作为边缘计算系统的云控制中心。为了让 Kubernetes 的部署更完整，下面将部署 Kubernetes Node 节点的步骤包含了进来。

（1）安装 Kubernetes Master 节点

1）在需要运行 Kubelet 的节点上关闭 Swap 分区，命令如下：

```
# swapoff -a
```

2）关闭防火墙，命令如下：

```
# systemctl disable firewalld && systemctl stop firwalld
```

3）关闭 SELinux，命令如下：

```
# setenforce 0
```

4）下载所需的二进制文件和镜像压缩包并解压。

服务二进制文件是 Kubernetes GitHub 上发布的编译好的 Kubernetes 版本，包括各组件的二进制和镜像。进入 Kubernetes 发布（release）页面，点击某个已发布版本的 changelog，如 CHANGELOG-1.16.5.md，下载其中的服务二进制压缩包。下载完成的安装包如下所示：

```
[root@all-in-one~]# ls
kubernetes-server-linux-amd64.tar.gz
```

解压安装包命令：

```
# tar -zxvf Kubernetes-server-linux-amd64.tar.gz
```

通过上述命令解压后，我们会看到类似图 1-13 的内容。

```
[root@all-in-one ~]# tar -zxvf kubernetes-server-linux-amd64.tar.gz
kubernetes/
kubernetes/server/
kubernetes/server/bin/
kubernetes/server/bin/apiextensions-apiserver
kubernetes/server/bin/kube-controller-manager.tar
kubernetes/server/bin/mounter
kubernetes/server/bin/kube-proxy.docker_tag
kubernetes/server/bin/kube-controller-manager.docker_tag
kubernetes/server/bin/kube-proxy.tar
kubernetes/server/bin/kubectl
kubernetes/server/bin/kube-scheduler.tar
kubernetes/server/bin/kube-apiserver.docker_tag
kubernetes/server/bin/kube-scheduler
kubernetes/server/bin/kubeadm
kubernetes/server/bin/kube-controller-manager
kubernetes/server/bin/kube-scheduler.docker_tag
kubernetes/server/bin/kubelet
kubernetes/server/bin/kube-proxy
kubernetes/server/bin/kube-apiserver.tar
kubernetes/server/bin/hyperkube
kubernetes/server/bin/kube-apiserver
kubernetes/LICENSES
kubernetes/kubernetes-src.tar.gz
kubernetes/addons/
```

图 1-13　Kubernetes 服务二进制压缩包解压

通过图 1-13 可知，压缩包 Kubernetes-server-linux-amd64.tar.gz 解压成文件夹 kubernetes，所需的二进制文件和镜像都在 kubernetes/server/bin 目录下。

5）把 kubernetes/server/bin 里的 kubeadm、kubelet、kubectl 三个二进制文件复制到 /usr/bin 下，命令如下：

```
#cp kubernetes/server/bin/kubectl  kubernetes/server/bin/kubeadm
  kubernetes/server/bin/kubelet /usr/bin
```

6）提前加载控制平面镜像。

根据官方文档中“Running kubeadm without an internet connection”小节内容，Kubeadm 在执行 kubeadm init 过程中需要启动控制平面，因此需要在此之前将控制平面对应版本的镜像准备好，包括 Apiserver、Controller Manager、Scheduler 和 Kube-proxy 组件镜像，然后将 kubernetes/server/bin 中包含的镜像压缩包加载到

Master 节点，命令如下：

```
#docker load -i kube-scheduler.tar
```

但是，Etcd 和 Pause 镜像需要通过其他途径（如 Docker Hub）来获得。

7）下载 Kubelet 的 systemd unit 定义文件，其中的 RELEASE 变量需要提前输出，如 v1.16.5。

```
# export RELEASE=v1.16.5
#curl  -sSL
"https://raw.GitHubusercontent.com/kubernetes/kubernetes/${RELEASE}/build/debs/
kubelet.service" > /etc/systemd/system/kubelet.service
```

8）下载 kubeadm 配置文件，命令如下：

```
#mkdir -p /etc/systemd/system/kubelet.service.d
#curl  -sSL
"https://raw.GitHubusercontent.com/kubernetes/kubernetes/${RELEASE}/build/debs/10-
kubeadm.conf" > /etc/systemd/system/kubelet.service.d/10-kubeadm.conf
```

9）设置 Kubelet 开机自启动，命令如下：

```
#systemctl enable Kubelet
```

10）初始化 Master 节点，命令如下：

```
#kubeadm init --kubernetes-version=v1.16.5  --pod-network-cidr=10.244.0.0/16
```

其中，kubernetes-version 告诉 Kubeadm 具体需要安装什么版本的 Kubernetes；“ pod-network-cidr=192.168.0.0/16 flflag”的值与具体网络方案有关，这个值对应后面的 Calico 网络方案。如果安装的是 Flannel，则 pod-network-cidr 的值应该是 10.244.0.0/16。

> 注意　如果所有镜像就绪，则 kubeadm init 步骤执行时间只需几分钟。如果安装过程中遇到错误需要重试，则重试之前运行 kubeadm reset 。

11）配置 Kubectl。

由于下面安装 Pod 网络时使用了 Kubectl，因此需要在此之前执行如下配置。

- 如果后续流程使用 root 账户，则执行：

```
#export KUBECONFIG=/etc/kubernetes/admin.conf
```

> 注意 为了方便，我们可以将该命令写到 <home>/.profifile 下。

❑ 如果后续流程使用非 root 账户，则执行：

```
# mkdir -p $HOME/.kube
# cp -i /etc/kubernetes/admin.conf $HOME/.kube/config
# chown $(id -u):$(id -g) $HOME/.kube/config
```

12）安装 pod。

这里选择 Calico，按照 Kubernetes 官方安装文档操作即可，命令如下：

```
#kubectl apply -f
```

Calico 的 yaml 文件链接为：

```
https://docs.projectCalico.org/v3.7/manifests/Calico.yaml
```

13）设置 Trait 允许 Pod 调度到 Master 节点上，否则 Master 节点的状态是不可用（not ready）。（该步骤为可选项，如果是单节点集群则执行此步。）

默认在执行 kubeadm init 过程中，通过执行以下命令使 Pod 调度到 Master 节点上：

```
#kubectl taint nodes --all node-role.Kubernetes.io/master-
```

14）执行到这一步，我们已经有了一个单节点 Kubernetes 集群，可以运行 Pod。如果需要更多节点加入，可以把其他节点集合到集群。安装就绪的单节点集群如图 1-14 所示。

```
[root@cloud ~]# kubectl get pods --all-namespaces
NAMESPACE     NAME                                                READY   STATUS    RESTARTS   AGE
kube-system   calico-kube-controllers-778676476b-khwn6            1/1     Running   3          19d
kube-system   calico-node-wlfb9                                   1/1     Running   2          19d
kube-system   coredns-6955765f44-24xf5                            1/1     Running   2          19d
kube-system   coredns-6955765f44-jh4mz                            1/1     Running   2          19d
kube-system   etcd-izm5egl4ele2ql188xvph2z                        1/1     Running   2          19d
kube-system   kube-apiserver-izm5egl4ele2ql188xvph2z              1/1     Running   2          19d
kube-system   kube-controller-manager-izm5egl4ele2ql188xvph2z     1/1     Running   3          19d
kube-system   kube-proxy-h5xqg                                    1/1     Running   3          19d
kube-system   kube-scheduler-izm5egl4ele2ql188xvph2z              1/1     Running   2          19d
```

图 1-14 单节点集群负载

（2）安装 Kubernetes Node 节点（可选）

1）关闭内存 Swap 分区：swapoff -a。

2）安装 Docker。

3）安装 Kubeadm、Kubelet。

详细内容读者可参考官网安装 Kubernetes Master 节点的步骤。

将安装 Kubernetes Master 节点时下载的服务二进制压缩包里包含的 kubeadm、kubelet 两个二进制文件复制到 /usr/bin 下。

4）准备镜像。

把安装 Kubernetes Master 节点时下载的 Kube-proxy、Pause 镜像转移到该节点并加载。

5）为 Kubelet 和 Kubeadm 准备配置文件，命令如下：

```
# export RELEASE=v1.16.5
#curl -sSL "https://raw.GitHubusercontent.com/Kubernetes/Kubernetes/
    ${RELEASE}/build/debs/Kubelet.service" > /etc/systemd/system/Kubelet.
    service
#mkdir -p /etc/systemd/system/Kubelet.service.d
#curl -sSL "https://raw.GitHubusercontent.com/Kubernetes/Kubernetes/
    ${RELEASE}/build/debs/10-kubeadm.conf" > /etc/systemd/system/Kubelet.
    service.d/10-kubeadm.conf
```

6）设置 Kubelet 开机自动启动，命令如下：

```
# systemctl enable Kubelet
```

7）将 Node 节点加入集群，命令如下：

```
# kubeadm join --token : --discovery-token-ca-cert-hash sha256:
```

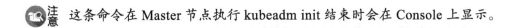

注意　这条命令在 Master 节点执行 kubeadm init 结束时会在 Console 上显示。

### 4. 部署 KubeEdge

在 Kubernetes 已经安装成功的基础上安装 KubeEdge 1.1.0，将 Kubernetes Master 节点作为云控制节点。

（1）安装 Cloud 部分

1）修改 Kubernetes Master 节点配置。

Cloud 端是 KubeEdge 中与 Kube-apiserver 交互的组件，在本书中 Cloud 端与 Kube-apiserver 交互使用的是非安全端口，需要在 Kubernetes Master 节点上做如下修改：

```
#vi /etc/Kubernetes/manifests/kube-apiserver.yaml
- --insecure-port=8080
- --insecure-bind-address=0.0.0.0
```

2）下载安装包。可以通过两种方式下载安装包：通过 cURL 直接下载；在 KubeEdge 的已发布版本的仓库中下载。

❑ 第一种方式：通过 cURL 直接下载。

```
VERSION="v1.0.0"
OS="linux"
ARCH="amd64"
curl -L "https://GitHub.com/KubeEdge/KubeEdge/releases/download/
    ${VERSION}/KubeEdge-${VERSION}-${OS}-${ARCH}.tar.gz" --output
    KubeEdge-${VERSION}-${OS}-${ARCH}.tar.gz && tar -xf KubeEdge-
    ${VERSION}-${OS}-${ARCH}.tar.gz  -C /etc
```

注意 通过 cURL 直接下载，由于网速问题，一般需要的时间比较久，失败的可能性较大。

❑ 第二种方式：在 KubeEdge 的已发布版本的仓库中下载。

进入 KubeEdge 的 GitHub 仓库的 KubeEdge v1.0.0 发布页面，下载 kubeEdge-v1.0.0-linux-amd64.tar.gz，将下载的安装包上传到 Kubernetes Master 节点的 /root 目录，命令如下：

```
#tar -zxvf kubeEdge-v1.0.0-linux-amd64.tar.gz
# mv kubeEdge-v1.0.0-linux-amd64 /etc/KubeEdge
```

3）在 Kubernetes Master 节点上生成证书。

生成的证书用于 KubeEdge 的 Edge 与 Cloud 端加密通信。证书生成命令如下：

```
#wget -L https://raw.GitHubusercontent.com/kubeEdge/kubeEdge/master/build/
    tools/certgen.sh
#chmod +x certgen.sh bash -x ./certgen.sh genCertAndKey edge
```

> 注意 上述步骤执行成功之后，会在 /etc/kubeEdge 下生成 ca 和 certs 两个目录。

4）创建 Device Model 和 Device CRD。

在 Kubernetes Master 节点上创建 KubeEdge 所需的 Device Model 和 Device CRD。创建步骤如下：

```
#wget -L https://raw.GitHubusercontent.com/KubeEdge/KubeEdge/master/build/
    crds/devices/devices_v1alpha1_devicemodel.yaml
#chmod +x devices_v1alpha1_devicemodel.yaml
#kubectl create -f devices_v1alpha1_devicemodel.yaml
#wget -L https://raw.GitHubusercontent.com/KubeEdge/KubeEdge/master/build/
    crds/devices/devices_v1alpha1_device.yaml
#chmod +x devices_v1alpha1_device.yaml
#kubectl create -f devices_v1alpha1_device.yaml
```

5）运行 Cloud 端。

在 Kubernetes Master 节点上运行 KubeEdge 的 Cloud 端，命令如下：

```
#cd /etc/KubeEdge/cloud
#./CloudCore
```

> 注意 为了方便查看进程输出，本节采用了前台驻留进程的方式。除了上述方式外，我们还可以通过 Systemd 来查看。

（2）安装 Edge 部分

Edge 端是 KubeEdge 运行在边缘设备上的部分。在 Edge 端运行之前，我们需要安装合适的容器运行时，包括 Docker、Containerd 和 Cri-o。本节采用的容器运行时是 Docker。

1）准备 Edge 端安装包。

因为证书问题，可以将 Kubernetes Master 节点上的 /etc/kubeEdge 直接复制到 Edge 节点的 /etc 下，命令如下：

```
#scp -r /etc/kubeEdge root@{ edge节点ip }:/etc
```

2）在 Kubernetes Master 节点上创建 Edge 节点的 Node 资源对象，命令如下：

```
# vi node.json

{
    "kind": "Node",
    "apiVersion": "v1",
    "metadata": {
    "name": "edge-node",
    "labels": {
    "name": "edge-node",
     "node-role.kubernetes.io/edge": ""
    }
    }
}

# kubectl create -f node.json
```

3）Edge 部分的配置。

配置内容包括 Edge 端连接 Cloud 端的 IP；Edge 端的 Name 与在 Kubernetes Master 上创建的 Node 的名称相对应。

① Edge 端连接 Cloud 端的 IP。

edgehub.websocket.url：IP 修改成 Kubernetes Master IP 端口名。

edgehub.quic.url：IP 修改成 Kubernetes Master IP 端口名。

② Edge 端的 Name 与在 Kubernetes Master 上创建的 Node 的名称相对应。

controller:node-id 与在 Kubernetes Master 上创建的 Node 的名称相对应。

edged:hostname-override 与在 Kubernetes Master 上创建的 Node 的名称相对应。

4）运行 Edge 端，命令如下：

```
#cd /etc/kubeEdge/edge
#./edgecore
```

（3）验证 KubeEdge 是否正常运行

KubeEdge 部署成功后，在 Kubernetes Master 节点通过 Kubectl 工具查看其运行

状态，具体如图 1-15 所示。

```
[root@cloud ~]# kubectl get nodes
NAME        STATUS   ROLES    AGE   VERSION
edge-node   Ready    edge     75d   v1.10.9-kubeedge-v1.0.0
master01    Ready    master   75d   v1.16.2
```

图 1-15　集群节点运行状态

### 5. 部署 EdgeX Foundry

EdgeX Foundry 是一套可以用 KubeEdge 部署到边缘的 IoT SaaS 平台。它可以采集、存储 IoT 设备的数据并将其导出到云数据中心，同时通过向终端设备下发指令对终端设备进行控制。

（1）准备镜像

本节以容器的形式部署 EdgeX Foundry，需要在 KubeEdge 管理的边缘计算节点上准备 edgex-ui-go、edgex-vault、edgex-mongo、support-scheduler-go、support-notifications-go、support-logging-go、core-command-go、core-metadata-go、core-data-go、export-distro-go、export-client-go、edgex-vault-worker-go、edgex-vault 和 edgex-volume 共 14 个镜像。

有两种方法获取这些镜像。

1）直接在 DockerHub 上下载这些镜像。

2）根据 EdgeX Foundry 源码仓库中的 makefile 文件构建这些镜像。

（2）准备部署 EdgeX Foundry 组件所需的 yaml 文件

需要在前面部署的 Kubernetes Master 节点上准备与每个镜像对应的 yaml 文件，对其进行部署。绝大多数镜像需要通过 Deployment 进行部署，少数镜像需要通过 Job 进行部署，有些镜像还需要通过 Service 对外暴露服务，这些 yaml 文件没有固定的标准。目前，EdgeX Foundry 官方还没有提供相关 yaml 文件，建议根据具体场景进行编写。

（3）通过 yaml 文件部署 EdgeX Foundry

至此，我们已经拥有 Kubernetes Master 节点，并将 Master 节点作为云端控制节点，将 KubeEdge 管理的节点作为边缘计算节点的云、边协同的集群。同时，在 KubeEdge 管理的节点上已准备好部署 EdgeX Foundry 所需的镜像，在 Kubernetes

Master 节点上准备好运行 EdgeX Foundry 镜像所需的 yaml 文件。接下来，只需在 Kubernetes Master 节点上通过 kubectl 命令创建 yaml 文件中描述的资源对象即可，具体命令如下：

```
#kubectl create -f {文件名}.yaml
```

yaml 文件中描述的资源对象都创建好了，意味着 EdgeX Foundry 的部署结束。至于 EdgeX Foundry 是否部署成功，我们可以通过如下命令进行验证：

```
#kubectl get pods -all-namespace
```

从图 1-16 可知，部署的 EdgeX Foundry 相关组件都已正常运行。

```
root@cloud:~# kubectl get pods --all-namespaces
NAMESPACE   NAME                                            READY   STATUS              RESTARTS   AGE
default     bluetooth-device-mapper-deployment-59c9d8c6-pdzhk   0/1     ContainerCreating   0          13h
default     edgex-config-seed-77f45747b5-rktjf              0/1     Completed           1079       3d23h
default     edgex-core-command-c8c8b877-pdzcc               1/1     Running             0          3d23h
default     edgex-core-consul-58f96f6dc6-vpgkp              1/1     Running             0          3d23h
default     edgex-core-data-7fcfc56696-s8pfz                1/1     Running             0          3d23h
default     edgex-core-metadata-db8648998-ch6lk             1/1     Running             0          3d23h
default     edgex-device-mqtt-64747cdd9-4sx84               1/1     Running             2          3d22h
default     edgex-export-client-775b9d96cc-bgb79            1/1     Running             0          3d23h
default     edgex-export-distro-5fc47f9cf5-8hpxq            1/1     Running             0          3d23h
default     edgex-files-75594c9b64-2hdth                    1/1     Running             0          3d23h
default     edgex-mongo-7bb7d86bc6-79g7c                    1/1     Running             0          3d23h
default     edgex-support-logging-5548fbdcc6-ndkjj          1/1     Running             0          3d23h
default     edgex-support-notifications-c5489d45c-w7968     1/1     Running             0          3d23h
default     edgex-support-rulesengine-66d7d977cd-86bvn      1/1     Running             0          3d23h
default     edgex-support-scheduler-c966f876b-vm9zc         1/1     Running             0          3d23h
default     edgex-ui-go-5d786d5565-52z7f                    1/1     Running             0          3d23h
```

图 1-16　EdgeX Foundry 组件运行状态

最后，通过在浏览器里访问 edgex-ui-go（即在浏览器访问 http://{EdgeX Foundry 所运行主机的 IP}:4000）进入 EdgeX Foundry 的登录页面，具体如图 1-17 所示。

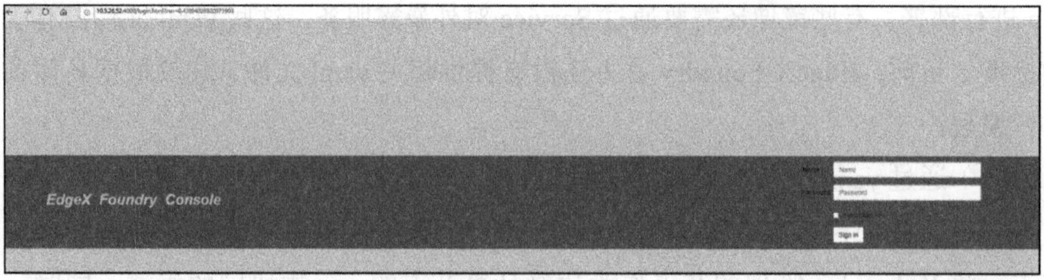


图 1-17　EdgeX Foundry 的登录页面

在图 1-17 中输入 EdgeX Foundry 对应的 Name/Password，就可以成功进入 EdgeX Foundry 的控制台，具体如图 1-18 所示。

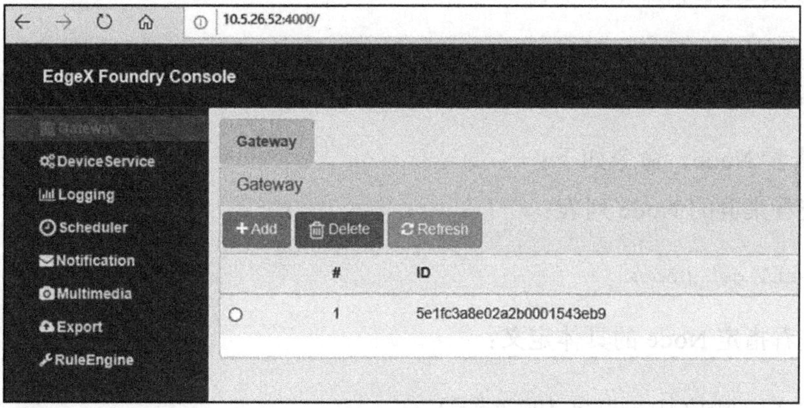


图 1-18　EdgeX Foundry 控制台

至此，我们已经拥有由两个节点组成的，包含云、边、端的完整边缘计算系统。接下来介绍边缘计算系统的管理，以及在该边缘计算系统上部署应用。

## 1.3.2　系统管理

通过以上对云、边、端三部分的梳理，我们了解到边缘计算系统的管理可分为集群管理和应用管理。

### 1. 集群管理

集群管理是对集群级别的资源进行管理，这些资源主要包括 Node、NameSpace。下面通过对上述对象的创建、删除、修改、查看进行说明。

（1）对 Node 的操作

1）创建 Node，命令如下：

```
# kubectl create -f {node定义文件}.ymal
```

2）删除 Node，命令如下：

```
# kubectl delete -f {node定义文件}.ymal
#kubectl delete node {node名字}
```

3）修改 Node，命令如下：

```
#kubectl apply -f {修改过的node定义文件}.yaml
#kubectl edit node {node名字}
```

4）查看 Node，命令如下：

- 查看集群的 Node 列表：

```
#kubectl get nodes
```

- 查看指定 Node 的具体定义：

```
#kubectl describe node {node名字}
```

（2）对 NameSpace 的操作

1）创建 NameSpace，命令如下：

```
# kubectl create -f {namespace定义文件}.ymal
# kubectl create namespace {namespace名字}
```

2）删除 NameSpace，命令如下：

```
# kubectl delete -f {namespace定义文件}.ymal
#kubectl delete namespace {namespace名字}
```

3）修改 NameSpace，命令如下：

```
#kubectl apply -f {修改过的namespace定义文件}.yaml
#kubectl edit namespace {namespace名字}
```

4）查看 NameSpace。

- 查看集群的 NameSpace 列表，命令如下：

```
#kubectl get namespace
```

- 查看指定 NameSpace 的具体定义，命令如下：

```
#kubectl describe namespace {namespace名字}
```

集群级别的资源一般不需要用户对其进行创建、修改或者删除，只是在用户需要时对其进行查看。

### 2. 应用管理

应用管理主要是对应用相关的资源进行管理，这些资源包括 Deployment、ReplicaSet、Pod、Service Endpoint、Service Acount、Secret、Persistent Volume、Persistent Volume Claim。对这些应用相关资源的操作，与集群相关资源的操作比较相似，我们可以参考集群管理对指定资源进行增、删、改、查。

需要说明一点，应用相关的资源一般需要用户创建和管理，也就是说掌握对应用相关的资源的增、删、改、查是有必要的。

## 1.4　不同应用部署方式的比较

本节主要对在云、边协同的集群以及传统的云平台上的应用部署的架构、适用场景进行说明。

### 1. 在云、边协同的集群上部署应用

图 1-19 是在云、边协同集群上部署应用的架构图。由图 1-19 可知，云控制中心作为集群的控制平面，边缘计算节点作为应用负载最终运行的节点。运行在边缘计算节点上的应用与终端设备进行交互，同时负责终端设备的数据采集、存储和处理，并通过下发指令控制终端设备。

### 2. 在传统的云平台上部署应用

图 1-20 是在传统云平台上部署应用的架构图。由架构图可知，云既作为控制平面，又承载应用负载。运行在云上的应用负载类型是多种多样的，既有面向互联网企业的 Web 服务，又有面向智能家居、工业互联网、车联网等行业的 IoT SaaS 平台。

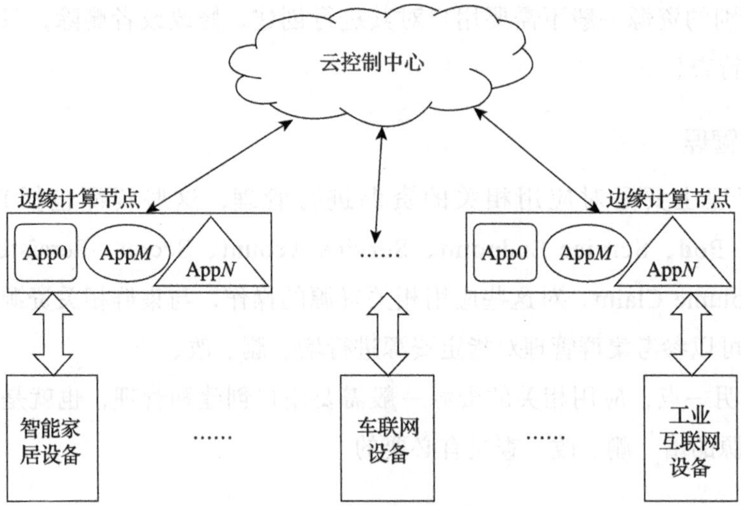


图 1-19　在云、边协同的集群上部署应用

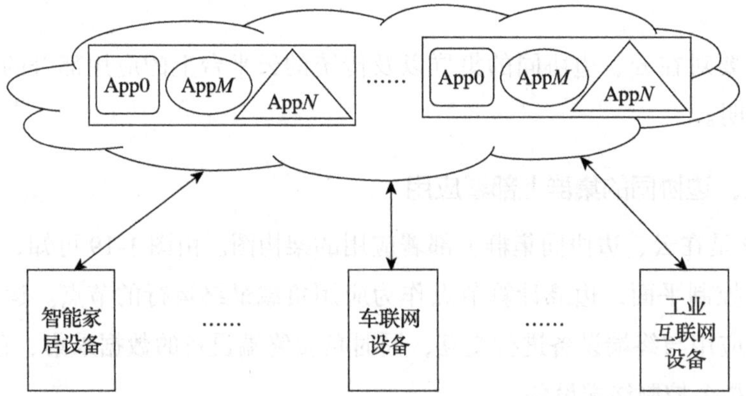


图 1-20　在传统的云平台上部署应用

### 3. 不同部署方式的适用场景

通过对比在云、边协同的边缘计算系统上部署应用和在传统的云平台上部署应用的架构，我们有如下发现。

1）在云、边协同的边缘计算系统上部署应用的架构适合实时性要求较高、比较重视隐私、与云连接的网络质量没有保障、网络带宽受限的场景，比如 5G、无人驾驶、车联网、智能家居、工业互联网、医疗互联网、AR/VR 等。

2）在传统的云平台上部署应用的架构适合实时性要求不高、计算和 I/O 密集型场景，比如面向互联网的各种各样的 Web 服务、AI 模型训练、离线大数据处理等。

## 1.5　本章小结

本章对边缘计算系统的组成、边缘计算的意义、边缘计算系统的部署与管理、不同应用部署方式的比较进行了介绍。下一章将从整体架构切入介绍云、边、端的部署与配置。

第 2 章 Chapter 2

# 云、边、端的部署与配置

本章将从云、边、端协同的边缘计算系统的整体架构切入，罗列云、边、端各部分包含的组件的技术栈，然后分别对云、边、端各部分的部署方式和注意事项进行系统梳理和详细说明。

## 2.1 边缘计算整体架构

本节将对云、边、端协同的边缘计算系统的整体架构进行梳理和分析。边缘计算系统整体分为云、边、端三部分，具体如图 2-1 所示。

1）云：CPU 支持 X86 和 ARM 架构；操作系统支持 Linux、Windows 和 macOS；容器运行时支持 Docker、Containerd 和 Cri-o；集群编排使用 Kubernetes，包括控制节点、计算节点和集群存储。控制节点核心组件包括 Kube-apiserver、Kube-controller-manager 和 Kube-scheduler，计算节点组件包括 Kubelet 和 Kube-proxy，集群存储组件包括 Etcd。云上的负载以 Pod 形式运行，Pod 由 Container 组成，Container 是基于操作系统的 NameSpace 和 Cgroup 隔离出来的独立空间。

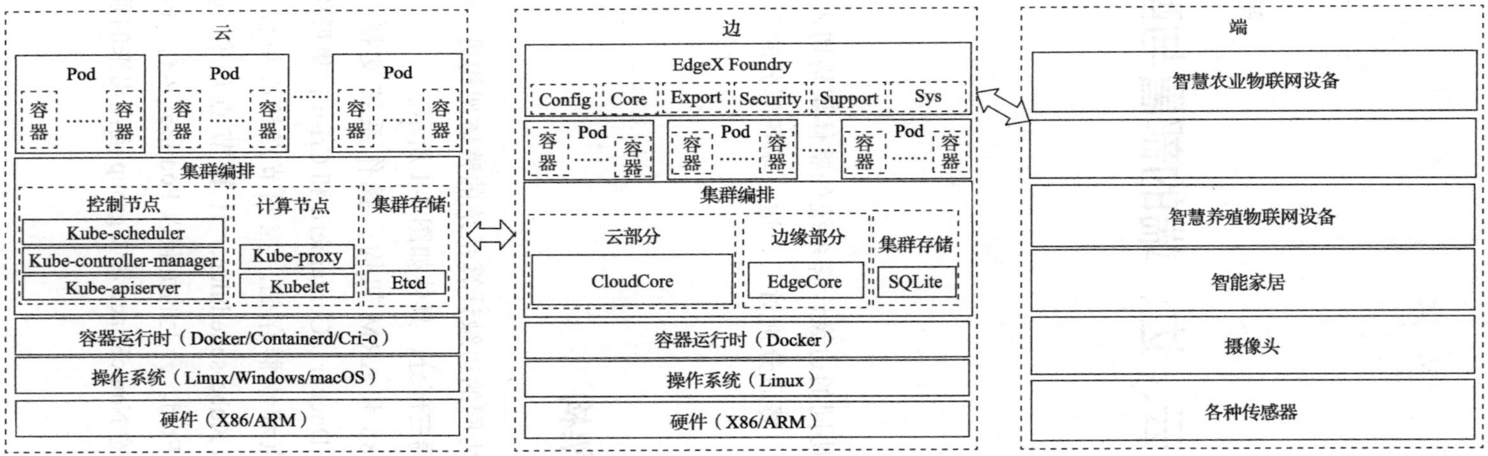


图 2-1　边缘计算整体架构

2）边：CPU 支持 X86 和 ARM 架构；操作系统支持 Linux；容器运行时支持 Docker；边缘集群编排使用 KubeEdge，包括云部分的 CloudCore、边缘部分的 EdgeCore 和边缘集群存储 SQLite。边缘上的负载以 Pod 形式运行。

3）端：由运行在边缘集群上的管理端设备的服务框架 EdgeX Foundry 和端设备组成，EdgeX Foundry 从下往上依次为设备服务层、核心服务层、支持服务层、导出服务层，这也是物理域到信息域的数据处理顺序。设备服务层负责与南向设备交互；核心服务层介于北向与南向之间，作为消息管道并负责数据存储；支持服务层包含广泛的微服务，主要提供边缘分析服务和智能分析服务；开放服务层是整个 EdgeX Foundry 服务框架的网关层。

## 2.2　部署云部分——Kubernetes

Kubernetes 是一个全新的基于容器技术的分布式架构的云部署方案，是 Google 开源的容器集群管理系统，为部署容器化的应用提供资源调度、服务发现和动态伸缩等一系列完整功能，提高了大规模容器集群管理的便捷性。本书将 Kubernetes 作为边缘计算系统的云部分解决方案。

本节会对 Kubernetes 的部署方式进行梳理，主要对 Kubernetes 相关的容器运行时部署、Kubernetes 的学习环境部署、Kubernetes 的生产环境部署三方面进行梳理。

### 2.2.1　Kubernetes 相关的容器运行时部署

Kubernetes 通过容器运行时以 Pod 形式运行容器，官方默认支持 Docker 容器运行时。除此之外，Kubernetes 支持的容器运行时还包括 Containerd、Cri-o、Frakti 等，具体如表 2-1 所示。

从 Kubernetes 支持的容器运行时列表，我们可知：

1）Docker 和 Containerd 在实现原理上是相同的，只是 Containerd 裁剪了 Docker 原有的一些富功能。

2）Cri-o 为了追求轻量级和简洁，对 CRI 和 OCI 重新进行了实现。

3）Frakti 的目的是实现容器运行时的强隔离，基于 Hypervisors 实现容器运行时，使每个容器具有独立的操作系统。

表 2-1 Kubernetes 支持的容器运行时

| 容器运行时 | 原理说明 | 备注 |
|---|---|---|
| Docker | 基于 Linux NameSpace、Control Groups 和 Union 文件系统的一种容器运行时实现方式 | 同时支持 Linux 和 Windows 操作系统，目前是 Kubernetes 默认的容器运行时 |
| Containerd | 与 Docker 相比减少了 Dockerd 这一层富功能组件，其底层实现原理与 Docker 相同 | Containerd 的可配制性比较强，可以通过插件的方式替换具体实现 |
| Cri-o | RedHat 发布的容器运行时，在同时满足 CRI 标准和 OCI 标准的前提下，将 CRI 和 OCI 的实现都进行了轻量化 | 还没有得到在大规模运行环境的验证，稳定性没有保障 |
| Frakti | 基于 Hypervisors 的容器运行时，具有独立的操作系统，比基于 Linux 的 NameSpace 的容器运行时的隔离性要好 | 还没有得到在大规模运行环境的验证，稳定性没有保障 |

目前，业界普遍使用的容器运行时是 Docker。下面详细说明部署 Docker 的相关步骤和注意事项。

本书使用的操作系统都是 CentOS 7+，所以部署 Docker 的步骤也是针对 CentOS 7+ 操作环境。

1）安装需要的依赖包，命令如下：

```
# yum install yum-utils device-Mapper-persistent-data lvm2
```

2）增加安装 Docker 所需的 Repository，命令如下：

```
# yum-config-manager --add-repo \
  https://download.docker.com/linux/centos/docker-ce.repo
```

3）安装指定版本的 Docker，命令如下：

```
# yum update && yum install containerd.io-1.2.10 docker-ce-19.03.4
   docker-ce-cli-19.03.4
```

4）设置 Docker 的配置文件。

①创建配置文件目录：

```
#mkdir /etc/docker
```

②设置 Docker 配置文件：

```
# cat > /etc/docker/daemon.json <<EOF
{
    "exec-opts": ["native.cgroupdriver=systemd"],
    "log-driver": "json-file",
    "log-opts": {
        "max-size": "100m"
    },
    "storage-driver": "overlay2",
    "storage-opts": [
        "overlay2.override_kernel_check=true"
    ]
}
EOF
```

5）启动 Docker，命令如下：

```
# mkdir -p /etc/systemd/system/docker.service.d
# systemctl daemon-reload
# systemctl restart docker
```

至此，Docker 容器运行时就安装成功了。接下来，分析 Docker 配置相关的注意事项。

Docker 的相关配置在 /etc/docker/daemon.json 文件中，包括设置私有仓库、DNS 解析服务器、Docker 运行时使用的路径、镜像加速地址、日志输出、Cgroup Driver、Docker 主机的标签等。本节重点介绍 Cgroup Driver 的设置。

Linux 操作系统的发行版本中将 Systemd 作为其初始化系统，并初始化进程生成一个 root 控制组件。Systemd 与 Cgroup 集成紧密，为每个进程分配 Cgroup。Docker 容器运行时默认的 Cgroup 管理器是 Cgroupfs，也就是说 Kubelet 使用 Cgroupfs 来管理 Cgroup。这样就造成在同一台主机上同时使用 Systemd 和 Cgroupfs 两种 Cgroup 管理器来对 Cgroup 进行管理。

Cgroup 用来约束分配给进程的资源。单个 Cgroup 管理器能够简化分配资源的视图，并且默认情况下管理可用资源和使用中的资源时使用一致的视图。当有两个 Cgroup 管理器时，最终产生两种视图。我们已经看到某些案例中的节点配置让 Kubelet 和 Docker 使用 Cgroupfs 管理器，而节点上运行的其余进程则使用 Systemd，这类节点在资源压力下会变得不稳定。

更改设置，令 Docker 和 Kubelet 使用 Systemd 作为 Cgroup 驱动，以便系统更稳定。请注意在 /etc/docker/daemon.json 文件中设置 native.cgroupdriver=systemd 选项，具体如下：

```
# vi /etc/docker/daemon.json

{
    ...
    "exec-opts": ["native.cgroupdriver=systemd"],
    ...
}
```

### 2.2.2 Kubernetes 的学习环境部署

本节对部署 Kubernetes 学习环境的相关工具进行梳理，如表 2-2 所示。

表 2-2 搭建 Kubernetes 学习环境的工具

| 部署工具 | 依 赖 | 原 理 | 备 注 |
|---|---|---|---|
| Minikube | 操作系统对虚拟化的支持、一款 Hypervisor KVM/VirtualBox、安装并配置了 Kubectl | 创建一台虚拟机，在虚拟机里运行 Kubernetes 集群 | 只适用于学习和测试 Kubernetes 的场景 |
| Kind(Kubernetes in Docker) | Docker 容器运行时、在容器里运行 Kubernetes 集群的基础镜像 Node Image | 创建一个 Docker 容器，并在该容器里运行 Kubernetes 集群 | 只适用于学习和测试 Kubernetes 的场景 |

从搭建 Kubernetes 学习环境的工具列表可知，Minikube、Kind 都可以搭建 Kubernetes 的学习环境，但两者所需要的依赖和原理各不相同。Minikube 和 Kind 都是用于搭建 Kubernetes 学习环境的工具，二者的安装步骤和使用方法相对比较简单。接下来，笔者对二者的安装步骤和使用方法进行详细说明。

#### 1. Minikube 的安装与使用

Minikube 是一种可以在本地轻松运行 Kubernetes 的工具。其首先通过在物理服务器或计算机上创建虚拟机，然后在虚拟机（VM）内运行一个单节点 Kubernetes 集群。该 Kubernetes 集群可以用于开发和测试 Kubernetes 的最新版本。

下面对 Minikube 的安装和使用进行说明。本书使用的操作系统都是 CentOS 7+，所以本节安装 Minikube 的步骤也是针对 CentOS 7+ 操作环境。

（1）安装 Minikube

1）检查对虚拟化的支持，命令如下：

```
# grep -E --color 'vmx|svm' /proc/cpuinf
```

2）安装 Kubectl。

推荐在 Kubernetes 的 GitHub 上的发布主页下载 pre-built 的二进制压缩包并进行安装。

进入 Kubernetes 的 GitHub 仓库上的发布主页，找到需要下载的 Kubernetes 版本，比如本节要下载的版本是 v1.16.6，如图 2-2 所示。

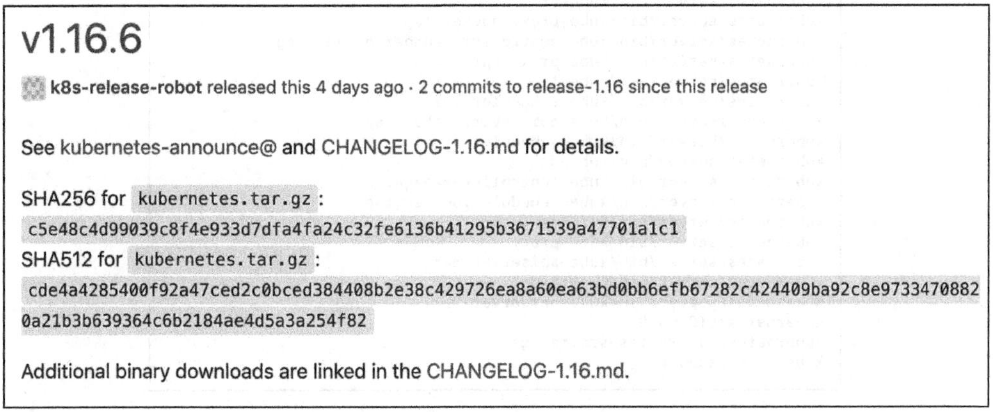


图 2-2 Kubernetes v1.16.6 发布版本

单击 CHANGELOG-1.16.md 进入二进制文件下载列表，复制服务二进制压缩包下载地址，使用 wget 命令下载服务二进制压缩包，命令如下：

```
# wget https://dl.k8s.io/v1.16.6/Kubernetes-server-linux-amd64.tar.gz
```

下载 Kubernetes 具体如图 2-3 所示。

```
[root@edge cuitest]# wget https://dl.k8s.io/v1.16.6/kubernetes-server-linux-amd64.tar.gz
--2020-01-25 16:29:57--  https://dl.k8s.io/v1.16.6/kubernetes-server-linux-amd64.tar.gz
正在解析主机 dl.k8s.io (dl.k8s.io)... 35.201.71.162
正在连接 dl.k8s.io (dl.k8s.io)|35.201.71.162|:443... 已连接。
已发出 HTTP 请求，正在等待回应... 302 Moved Temporarily
位置：https://storage.googleapis.com/kubernetes-release/release/v1.16.6/kubernetes-server-linux-amd64.tar.gz [跟随至新的 URL]
--2020-01-25 16:29:57--  https://storage.googleapis.com/kubernetes-release/release/v1.16.6/kubernetes-server-linux-amd64.tar.gz
正在解析主机 storage.googleapis.com (storage.googleapis.com)... 172.217.24.48, 2404:6800:4005:807::2010
正在连接 storage.googleapis.com (storage.googleapis.com)|172.217.24.48|:443... 已连接。
已发出 HTTP 请求，正在等待回应... 200 OK
长度：369412130 (352M) [application/x-tar]
正在保存至："kubernetes-server-linux-amd64.tar.gz"

100%[==================================================================================================>] 369,412,130 12.2MB/s 用时 28s

2020-01-25 16:30:27 (12.5 MB/s) - 已保存 "kubernetes-server-linux-amd64.tar.gz" [369412130/369412130])

[root@edge cuitest]# ls
kubernetes-server-linux-amd64.tar.gz
[root@edge cuitest]#
```

图 2-3　下载 Kubernetes

如图 2-4 所示，解压 kubernetes-server-linux-amd64.tar.gz，命令如下：

```
# tar -zxvf kubernetes-server-linux-amd64.tar.gz
```

```
[root@edge cuitest]# tar -zxvf kubernetes-server-linux-amd64.tar.gz
kubernetes/
kubernetes/server/
kubernetes/server/bin/
kubernetes/server/bin/apiextensions-apiserver
kubernetes/server/bin/kube-controller-manager.tar
kubernetes/server/bin/mounter
kubernetes/server/bin/kube-proxy.docker_tag
kubernetes/server/bin/kube-controller-manager.docker_tag
kubernetes/server/bin/kube-proxy.tar
kubernetes/server/bin/kubectl
kubernetes/server/bin/kube-scheduler.tar
kubernetes/server/bin/kube-apiserver.docker_tag
kubernetes/server/bin/kube-scheduler
kubernetes/server/bin/kubeadm
kubernetes/server/bin/kube-controller-manager
kubernetes/server/bin/kube-scheduler.docker_tag
kubernetes/server/bin/kubelet
kubernetes/server/bin/kube-proxy
kubernetes/server/bin/kube-apiserver.tar
kubernetes/server/bin/hyperkube
kubernetes/server/bin/kube-apiserver
kubernetes/LICENSES
kubernetes/kubernetes-src.tar.gz
kubernetes/addons/
```

图 2-4　解压 Kubernetes

由图 2-4 可知，Kubectl 在 kubernetes/server/bin 下，只需将其放入 /usr/bin 下即可：

```
#cp kubernetes/server/bin/kubectl /usr/bin
```

3）安装 KVM。

在确认所在的操作系统支持虚拟机的前提下，通过如下步骤安装 KVM 及相关依赖。

更新安装KVM所需的源，命令如下：

```
#yum -y update && # yum install epel-release
```

安装KVM及其所需的依赖包，命令如下：

```
#  yum install qemu-kvm libvirt libvirt-python libguestfs-tools virt-install
```

设置libvirtd开机自动启动，命令如下：

```
# systemctl enable libvirtd && systemctl start libvirtd
```

4）安装Minikube，命令如下：

```
# curl -LO https://storage.googleapis.com/minikube/releases/latest/
    minikube-1.6.2.rpm \
&&  rpm -ivh minikube-1.6.2.rpm
```

（2）使用Minikube

1）启动一个本地单节点集群，命令如下：

```
# minikube start --vm-driver=<driver_name>
```

2）检查集群状态，命令如下：

```
# minikube status
```

3）使用集群部署应用，命令如下：

```
# kubectl create deployment hello-minikube --image={image-name}
```

至此，我们已经成功安装了Minikube，并通过Minikube创建了一个本地单节点的Kubernetes集群。

### 2. Kind的安装与使用

Kind是一种使用Docker容器节点（该容器可用于运行嵌套容器，在该容器里可以使用Systemd运行、管理Kubernetes的组件）运行本地Kubernetes集群的工具。Kind主要是为了测试Kubernetes本身而设计的，可用于本地开发或持续集成。

下面对 Kind 的安装和使用进行说明。

（1）安装 Kind

由于安装 Kind 需要 Go 语言环境，使用 Kind 运行本地 Kubernetes 集群需要 Docker 容器运行时，因此在安装 Kind 之前需要安装 Go 和 Docker。

1）安装 Go，命令如下：

```
# yum -y install Go
```

参考“部署 Docker”小节来部署 Docker 容器运行时。

2）安装 Kind，命令如下：

```
#GO111MODULE="on" go get sigs.k8s.io/kind@v0.7.0
```

上述步骤会将 Kind 安装到 GOPATH/bin 目录下。为了使用方便，建议将其在 /etc/profile 中进行追加设置，命令如下：

```
# vi /etc/profile
export PATH=$GOPATH/bin:$PATH
```

使在 /etc/profile 中设置的环境变量立即生效，命令如下：

```
#source /etc/profile
```

（2）使用 Kind

1）使用 Kind 创建 Kubernetes 集群（如图 2-5 所示），命令如下：

```
# kind create cluster
```

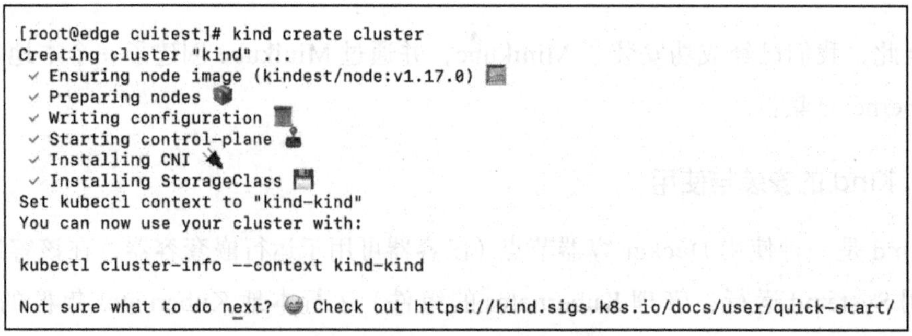
[root@edge cuitest]# kind create cluster
Creating cluster "kind" ...
✓ Ensuring node image (kindest/node:v1.17.0)
✓ Preparing nodes
✓ Writing configuration
✓ Starting control-plane
✓ Installing CNI
✓ Installing StorageClass
Set kubectl context to "kind-kind"
You can now use your cluster with:
kubectl cluster-info --context kind-kind
Not sure what to do next? Check out https://kind.sigs.k8s.io/docs/user/quick-start/

图 2-5 使用 Kind 创建集群

2）检查、使用 Kind 部署的集群（如图 2-6 所示），命令如下：

```
#kubectl get pods --all-namespaces
```

```
[[root@edge cuitest]# kubectl get pods --all-namespaces
NAMESPACE            NAME                                         READY   STATUS    RESTARTS   AGE
kube-system          coredns-6955765f44-815sh                     1/1     Running   0          2m19s
kube-system          coredns-6955765f44-nmws4                     1/1     Running   0          2m19s
kube-system          etcd-kind-control-plane                      1/1     Running   0          2m32s
kube-system          kindnet-2m2gq                                1/1     Running   0          2m18s
kube-system          kube-apiserver-kind-control-plane            1/1     Running   0          2m32s
kube-system          kube-controller-manager-kind-control-plane   1/1     Running   0          2m32s
kube-system          kube-proxy-q712k                             1/1     Running   0          2m18s
kube-system          kube-scheduler-kind-control-plane            1/1     Running   0          2m32s
local-path-storage   local-path-provisioner-7745554f7f-x28fl      1/1     Running   0          2m19s
```

图 2-6　检查使用 Kind 部署的集群状态

至此，我们已经成功安装了 Kind，并通过 Kind 创建了一个本地单节点的 Kubernetes 集群。

## 2.2.3　Kubernetes 的生产环境部署

本节对部署 Kubernetes 生产环境的相关工具进行梳理，具体如表 2-3 所示。

**表 2-3　搭建 Kubernetes 生产环境的工具**

| 部署工具 | 依　赖 | 特　点 | 备　注 |
|---|---|---|---|
| Kubeadm | Docker 容器运行时、Kubelet | 将检查安装 Kubernetes 环境、下载镜像、生成证书、配置 Kubelet、准备 yaml 文件等步骤自动化 | Kubeadm 所需的镜像默认以 k8s.gcr.io 开头，而且是硬编码，国内无法直接下载，需要提前准备好 |
| Kops | Kubectl | 在 Kubeadm 的基础上，使搭建 Kubernetes 集群更方便 | 主要在 AWS 上进行自动化部署 Kubernetes 集群 |
| KRIB | Go | Digital Rebar Provision 专有的在裸机上搭建 Kubernetes 集群的工具 | Digital Rebar Provision 还可以调用 Kubespray |
| Kubespray | Ansible | 用 Ansible Playbooks、Inventory 自动化部署 Kubernetes 集群 | |

从表 2-3 可知，Kops、KRIB 有明显局限性，因为 Kops 主要在 AWS 上进行自动化部署 Kubernetes 集群；KRIB 主要在裸机上进行自动化部署 Kubernetes 集群。Kubeadm 和 Kubespray 可以在多种平台上搭建 Kubernetes 的生产环境。Kubespray 从 v2.3 开始支持 Kubeadm，也就意味着 Kubespray 最终还是通过 Kubeadm 自动化部

署 Kubernetes 集群。

本节首先对使用 Kubeadm 的注意事项进行说明，然后具体介绍如何安装和使用 Kubeam。Kubeadm 支持的平台和资源要求如表 2-4 所示。

表 2-4　Kubeadm 支持的平台和资源要求

| | | |
|---|---|---|
| Kubeadm | 支持的平台 | Ubuntu 16.04+、Debian 9+、CentOS 7、Red Hat Enterprise Linux (RHEL) 7、Fedora 25+、HyprIoTOS v1.0.1+、Container Linux |
| | 资源要求 | 至少 2CPUs、2GB 内存 |

（1）使用 Kubeadm 的注意事项

1）确保集群中所有主机网络可达。

在集群中不同主机间通过 ping 命令进行检测，命令如下：

```
# ping {被检测主机ip}
```

2）确保集群中所有主机的 Hostname、MAC Address 和 product_uuid 唯一。

查看主机 Hostname 命令：`#hostname`

查看 MAC Address 命令：`#ip link` 或者 `#ifconfig -a`

查看 product_uuid 命令：`#/sys/class/dmi/id/product_uuid`

3）IPTables 后端不用 nftable，命令如下：

```
# update-alternatives --set iptables /usr/sbin/iptables-legacy
```

4）Kubernetes 集群中主机需要打开的端口如表 2-5 所示。

表 2-5　Kubernetes 集群中主机需要打开的端口

| 节点 | 协议 | 流量方向 | 端口 | 用途 | 应用组件 |
|---|---|---|---|---|---|
| 控制节点 | TCP | 进入集群 | 6443 | Kubernetes-api-server | 集群中所有组件都会使用这个端口 |
| | | | 2379、2380 | Etcd Server Client API | Kube-api、Etcd |
| | | | 10250 | Kubelet API | Kubelet、控制平面 |
| | | | 10251 | Kube-scheduler | Kube-scheduler |
| | | | 10252 | Kube-controller-manager | Kube-controllerManager |
| 计算节点 | TCP | 进入集群 | 10250 | Kubelet API | Kubelet、控制平面 |
| | | | 30000～32767 | NodePort Services | 集群中所有组件都会使用这个端口 |

由表2-5可知，上述需要打开的端口都是Kubernetes默认打开的端口。我们也可以根据需要对一些端口进行单独指定，比如Kubernetes-api-server默认打开的端口是6443，也可以指定打开其他与现有端口不冲突的端口。

5）在Kubernetes集群的所有节点上关闭Swap分区，命令如下：

```
#swapoff -a
```

（2）安装Kubeadm

安装Kubeadm有两种方式，即通过操作系统的包管理工具进行安装，从Kubernetes的GitHub仓库的发布主页下载Pre-build的二进制压缩包进行安装。下面对这两种安装方式进行详细说明。

1）通过操作系统的包管理工具安装Kubeadm。

①在需要安装Kubeadm的节点上设置安装Kubeadm需要的仓库，命令如下：

```
#cat <<EOF > /etc/yum.repos.d/kubernetes.repo
[Kubernetes]
name=Kubernetes
baseurl=https://packages.cloud.google.com/yum/repos/Kubernetes-el7-x86_64
enabled=1
gpgcheck=1
repo_gpgcheck=1
gpgkey=https://packages.cloud.google.com/yum/doc/yum-key.gpg https://
packages.cloud.google.com/yum/doc/rpm-package-key.gpg
EOF
```

②将SELINUX设置为permissive，命令如下：

```
#setenforce 0
#sed -i 's/^SELINUX=enforcing$/SELINUX=permissive/' /etc/selinux/config
```

③安装Kubeadm、Kubelet、Kubectl，命令如下：

```
#yum install -y Kubelet kubeadm kubectl --disableexcludes=Kubernetes
```

④将Kubelet设置为开机自启动，命令如下：

```
#systemctl enable --now Kubelet
```

2）通过在 Kubernetes GitHub 仓库的发布主页下载 pre-build 的二进制压缩包来安装 Kubeadm。

（3）使用 Kubeadm

使用 Kubeadm 可以部署 Kubernetes 单节点集群、Kubernetes 单控制节点集群和 Kubernetes 高可用集群。下面将详细说明部署这 3 种集群的具体步骤。

1）部署 Kubernetes 单节点集群。

使用 Kubeadm 部署 Kubernetes 单节点集群，其实是在一个节点使用 Kubeadm 部署 Kubernetes 的控制平面，然后对该节点进行设置，使其能够运行应用负载。

①查看使用 Kubeadm 部署 Kubernetes 单节点集群时所需的镜像，命令如下：

```
#kubeadm config images list
```

所需镜像如图 2-7 所示。

```
[[root@edge ~]# kubeadm config images list
 I0126 15:23:09.585888   25816 version.go:251] remote version
 k8s.gcr.io/kube-apiserver:v1.16.6
 k8s.gcr.io/kube-controller-manager:v1.16.6
 k8s.gcr.io/kube-scheduler:v1.16.6
 k8s.gcr.io/kube-proxy:v1.16.6
 k8s.gcr.io/pause:3.1
 k8s.gcr.io/etcd:3.3.15-0
 k8s.gcr.io/coredns:1.6.2
```

图 2-7　使用 Kubeadm 部署 Kubernetes 单节点集群所需镜像

这些镜像都是以 k8s.gcr.io* 开头的。一般情况下，Kubeadm 无法正常下载这些镜像，需要提前准备好。获取这些镜像的方法不止一种，笔者建议通过 DockerHub 获得。

②使用 Kubeadm 创建 Kubernetes 单节点集群，在创建的过程中会用到图 2-10 列出的所有镜像，命令如下：

```
#kubeadm init {args}
```

在 args 中一般只需指定 --control-plane-endpoint、--pod-network-cidr、--cri-socket、--apiserver-advertise-address 参数。这些参数的具体作用如下。

- --control-plane-endpoint：指定搭建高可用 Kubernetes 集群时，多个控制平面

共用的域名或负载均衡 IP。

- --pod-network-cidr：指定 Kubernetes 集群中 Pod 所用的 IP 池。
- --cri-socket：指定 Kubernetes 集群使用的容器运行时。
- --apiserver-advertise-address：指定 kube-api-server 绑定的 IP 地址——既可以是 IPv4，也可以是 IPv6 。

我们可以根据具体情况指定以上参数。

③根据 non-root 用户和 root 用户，设置 Kubectl 使用的配置文件。

- 若是 non-root 用户，设置命令如下：

```
$mkdir -p $HOME/.kube
$sudo cp -i /etc/Kubernetes/admin.conf $HOME/.kube/config
$sudo chown $(id -u):$(id -g) $HOME/.kube/config
```

- 若是 root 用户，设置命令如下：

```
export KUBECONFIG=/etc/Kubernetes/admin.conf
```

为了方便，我们也可以将 KUBECONFIG 设置成自动生效的系统环境变量，命令如下：

```
# vim /etc/profile

export KUBECONFIG=/etc/Kubernetes/admin.conf
```

④安装 Pod 所需的网络插件，命令如下：

```
# kubectl apply -f https://docs.projectCalico.org/v3.8/manifests/Calico.
    yaml
```

本节使用的网络插件是 Calico，我们也可以根据具体需求选择其他的网络插件，比如 Flannel、Weave Net、Kube-router 等。

至此，一个完整的 Kubernetes 控制节点就搭建完成了，但这还不能算一个完整单节点集群，因为该控制节点默认不接受负载调度。要使其能够接受负载调度，需要进行如下设置：

```
# kubectl taint nodes --all node-role.Kubernetes.io/master-
```

2）部署 Kubernetes 单控制节点集群。

Kubernetes 单控制节点集群是指该 Kubernetes 集群只有一个控制节点，但可以有不止一个计算节点。部署该集群只需在部署 Kubernetes 单节点集群中安装 Pod 所需的网络插件之后，将计算节点加入该控制节点，具体命令如下：

```
ubeadm join <control-plane-host>:<control-plane-port> --token <token>
    --discovery-token-ca-cert-hash sha256:<hash>
```

使用 kubeadm join 命令将多个计算节点加入已经部署成功的控制节点，与控制节点组成一个单控制节点的 Kubernetes 集群。

3）部署 Kubernetes 高可用集群。

Kubeadm 除了可以部署 Kubernetes 单节点集群和 Kubernetes 单控制节点集群外，还可以部署 Kubernetes 高可用集群。Kubeadm 部署 Kubernetes 高可用集群的架构包含两种，即 Etcd 集群与 Kubernetes 控制节点集群一起部署的 Kubernetes 高可用集群，以及 Etcd 集群与 Kubernetes 控制节点集群分开部署的 Kubernetes 高可用集群，具体架构如图 2-8 和图 2-9 所示。

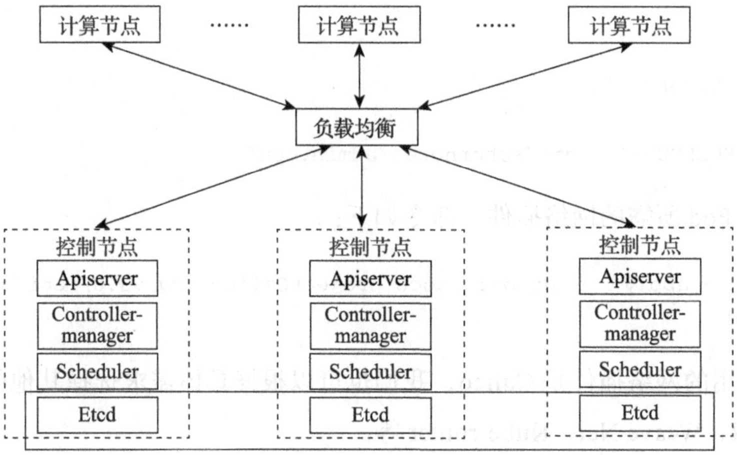


图 2-8　Etcd 集群与 Kubernetes 控制节点集群一起部署

由图 2-8 和图 2-9 可知，Kubernetes 集群高可用即 Kubernetes 集群中 Master 节点和 Etcd 集群高可用。部署 Kubernetes 高可用集群是面向生产环境的，需要的资源比较多，部署步骤也相对比较复杂，限于篇幅本书就不展开说明了，感兴趣的读者可以参考 Kubernetes 官网进行实践。

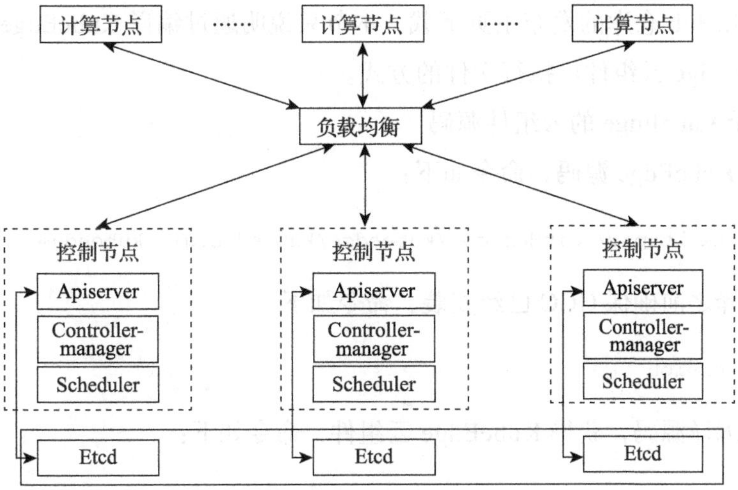


图 2-9 Etcd 集群与 Kubernetes 控制节点集群分开部署

## 2.3 部署边缘部分——KubeEdge

KubeEdge 是一个基于 Kubernetes 构建的开放平台，能够将 Kubernetes 拥有的编排容器化应用的能力扩展到边缘的节点和设备，并为云和边缘之间的网络、应用部署和元数据同步提供基础架构支持。本书将 KubeEdge 作为边缘计算系统中边部分的解决方案。

本节会对 KubeEdge 的部署方式进行梳理。KubeEdge 可以系统进程、容器化的方式进行部署。

### 2.3.1 以系统进程的方式部署 KubeEdge

以系统进程的方式部署 KubeEdge，即以系统进程的方式部署 KubeEdge 的云组件和边缘组件。下面对部署过程中需要的依赖、配置等进行详细说明。

（1）安装 KubeEdge 的云组件

获取 KubeEdge 云组件的方法有两种，即通过编译 KubeEdge 的云组件源码和从 KubeEdge GitHub 仓库的发布主页下载。本节只说明通过编译 KubeEdge 的云组件源码获得 KubeEdge 云组件可执行文件的方式。

1）编译 KubeEdge 的云组件源码。

①下载 KubeEdge 源码，命令如下：

```
#git clone https://GitHub.com/kubeedge/kubeedge.git kubeedge
```

②在编译之前确保 GCC 已经安装，命令如下：

```
#gcc --version
```

③通过编译源码，获得 KubeEdge 云组件，命令如下：

```
#cd kubeedge
#make all WHAT=cloudcore
```

④编译成功之后，会在 ./cloud 下生成可执行文件 CloudCore，将其复制到 /usr/bin 下即可。

2）创建 Device Model 和 Device CRD，命令如下：

```
#cd ../kubeedge/build/crds/devices
#kubectl create -f devices_v1alpha1_devicemodel.yaml
#kubectl create -f devices_v1alpha1_device.yaml
```

3）生成证书，命令如下：

```
#cd kubeEdge/build/tools
#./certgen.sh genCertAndKey edge
```

执行上述命令后，会在 /etc/kubeedge/ca 下生成 rootCA.crt，在 etc/kubeEdge/certs 下生成 edge.crt 、edge.key。生成的这些证书在 KubeEdge 的云组件和边缘组件中共用。

4）生成和设置 KubeEdge 云组件的配置文件。

①创建配置文件目录，命令如下：

```
#mkdir -p /etc/kubeEdge/config/
```

②生成最小化配置文件，命令如下：

```
#CloudCore -minconfig > /etc/kubeEdge/config/cloudcore.yaml
```

③生成默认配置文件，命令如下：

```
# CloudCore -defaultconfig > /etc/kubeedge/config/cloudcore.yaml
```

执行上述命令后，会在 /etc/kubeedge/config 下生成 cloudcore.yaml。下面对执行 CloudCore 生成的默认配置文件 cloudcore.yaml 进行说明，具体如下所示。

```
apiVersion: cloudcore.config.KubeEdge.io/v1alpha1
kind: cloudcore
kubeAPIConfig:
    kubeConfig: /root/.kube/config # kubeConfig文件的绝对路径
    master: "" # kube-apiserver address (比如:http://localhost:8080)
modules:
    cloudhub:
        nodeLimit: 10
        tlsCAFile: /etc/kubeedge/ca/rootCA.crt
        tlsCertFile: /etc/kubeedge/certs/edge.crt
        tlsPrivateKeyFile: /etc/kubeedge/certs/edge.key
        unixsocket:
            address: unix:///var/lib/kubeedge/kubeedge.sock # unix domain
                socket address
        enable: true # enable unix domain socket protocol
    websocket:
        address: 0.0.0.0
        enable: true # enable websocket protocol
        port: 10000 # open port for websocket server
```

5）运行 KubeEdge 云组件，命令如下：

```
#nohup ./cloudcore &
```

除了上述形式，还可以通过 Systemd 以后台进程的形式运行 KubeEdge 云组件，命令如下：

```
#ln kubeedge/build/tools/cloudcore.service  /etc/systemd/system/cloudcore.
   service
```

```
# systemctl daemon-reload
# systemctl start cloudcore
```

将 KubeEdge 云组件设置为开机自动启动，命令如下：

```
#systemctl enable cloudcore
```

（2）安装 KubeEdge 的边缘组件

1）编译 KubeEdge 的边缘组件源码。

①下载 KubeEdge 源码，命令如下：

```
#git clone https://GitHub.com/kubeedge/kubeedge.git kubeedge
```

②在编译之前确保 GCC 已经安装，命令如下：

```
#gcc --version
```

③通过编译源码获得 KubeEdge 的边缘组件，命令如下：

```
#cd kubeedge
#make all WHAT=edgecore
```

编译成功之后，会在 ./edge 下生成可执行文件 EdgeCore，将其复制到 /usr/bin 下即可。

2）从 KubeEdge 的云组件节点复制证书，命令如下：

```
#scp -r  /etc/kubeedge root@{KubeEdge edge节点IP}:/etc/kubeedge
```

3）在 KubeEdge 的云组件节点为边缘节点创建 Node 对象资源，命令如下：

```
#kubectl create -f kubeedge/build/node.json
```

node.json 具体内容如下所示。

```
{
    "kind": "Node",
    "apiVersion": "v1",
    "metadata": {
        "name": "edge-node",
        "labels": {
            "name": "edge-node",
```

```
            "node-role.Kubernetes.io/edge": ""
        }
    }
}
```

4）生成和设置 KubeEdge 边缘组件的配置文件。

使用 EdgeCore 可以生成最小化配置文件和默认配置文件。

①创建配置文件目录，命令如下：

```
#mkdir -p /etc/kubeedge/config/
```

②生成最小化配置文件，命令如下：

```
#edgecore -minconfig > /etc/kubeedge/config/edgecore.yaml
```

③生成默认配置文件，命令如下：

```
# edgecore -defaultconfig > /etc/kubeedge/config/edgecore.yaml
```

执行上述命令后，会在 /etc/kubeEdge/config 下生成 edgecore.yaml 文件。下面对执行 edgecore 生成的默认配置文件 edgecore.yaml 进行说明，具体如下所示。

```
apiVersion: edgecore.config.kubeedge.io/v1alpha1
database:
    dataSource: /var/lib/kubeEdge/edgeCore.db
kind: EdgeCore
modules:
    edged:
        cgroupDriver: cgroupfs
        clusterDNS: ""
        clusterDomain: ""
        devicePluginEnabled: false
        dockerAddress: unix:///var/run/docker.sock
        gpuPluginEnabled: false
        hostnameOverride: $your_hostname
        interfaceName: eth0
        nodeIP: $your_ip_address
        podSandboxImage: kubeedge/pause:3.1   # kubeedge/pause:3.1 for
            x86 arch , kubeedge/pause-arm:3.1 for arm arch, kubeedge/
            pause-arm64 for arm64 arch
```

```
        remoteImageEndpoint: unix:///var/run/dockershim.sock
        remoteRuntimeEndpoint: unix:///var/run/dockershim.sock
        runtimeType: docker
    edgehub:
        heartbeat: 15  # second
        tlsCaFile: /etc/kubeedge/ca/rootCA.crt
        tlsCertFile: /etc/kubeedge/certs/edge.crt
        tlsPrivateKeyFile: /etc/kubeedge/certs/edge.key
        websocket:
            enable: true
            handshakeTimeout: 30  # second
            readDeadline: 15  # second
            server: 127.0.0.1:10000  # CloudCore address
            writeDeadline: 15  # second
    eventbus:
        mqttMode: 2  # 0: internal mqtt broker enable only. 1: internal
            and external mqtt broker enable. 2: external mqtt broker
        mqttQOS: 0  # 0: QOSAtMostOnce, 1: QOSAtLeastOnce, 2: QOSExactlyOnce.
        mqttRetain: false  # if the flag set true, server will store the
            message and can be delivered to future subscribers.
        mqttServerExternal: tcp://127.0.0.1:1883  # external mqtt broker url.
        mqttServerInternal: tcp://127.0.0.1:1884  # internal mqtt broker url.
```

其中，Modules.edged.hostnameOverride 与 node.json 里的 metadata.name 保持一致，Modules.edged.nodeIP 是 KubeEdge 边缘节点的 IP，Modules.edgehub.websocket.server 是 KubeEdge 云节点的 IP。

5）运行 KubeEdge 边缘组件，命令如下：

```
#nohup ./edgecore &
```

除了上述形式，我们还可以通过 Systemd 以后台进程的形式运行 KubeEdge 边缘组件，命令如下：

```
#ln kubeedge/build/tools/edgecore.service  /etc/systemd/system/edgecore.
   service
# systemctl daemon-reload
# systemctl start edgecore
```

将 KubeEdge 边缘组件设置为开机自启动，命令如下：

```
#systemctl enable edgecore
```

至此，以系统进程的方式部署 KubeEdge 的云组件和边缘组件都已经完成了，接下来检查 KubeEdge 的状态，并基于 KubeEdge 部署应用。

（3）检查 KubeEdge 边缘节点状态

在 KubeEdge 边缘节点执行如下命令，检查 KubeEdge 边缘节点的状态：

```
#kubectl get nodes
```

（4）基于 KubeEdge 部署应用

基于 KubeEdge 部署应用的命令如下：

```
#kubectl apply -f KubeEdge/build/deployment.yaml
```

## 2.3.2 以容器化的方式部署 KubeEdge

本节以容器化的方式部署 KubeEdge，即以容器化的方式部署 KubeEdge 的云组件和边缘组件。下面将对部署过程和相关配置等进行详细说明。

（1）以容器化的方式部署 KubeEdge 的云组件

1）下载部署 KubeEdge 的云组件所需的资源文件，命令如下：

```
#git clone https://GitHub.com/kubeedge/kubeedge.git KubeEdge
```

2）构建部署 KubeEdge 的云组件所需的镜像，命令如下：

```
#cd kubeedge
# make cloudimage
```

3）生成部署 KubeEdge 的云组件所需的 06-secret.yaml，命令如下：

```
#cd build/cloud
#../tools/certgen.sh buildSecret | tee ./06-secret.yaml
```

4）以容器化的方式部署 KubeEdge 的云组件，命令如下：

```
#for resource in $(ls *.yaml); do kubectl create -f $resource; done
```

（2）以容器化的方式部署 KubeEdge 的边缘组件

1）下载部署 KubeEdge 的边缘组件所需的资源文件，命令如下：

```
#git clone https://GitHub.com/kubeedge/kubeedge.git kubeedge
```

2）检查 Container 运行时环境，命令如下：

```
# cd ./kubeedge/build/edge/run_daemon.sh prepare
```

3）设置容器参数，命令如下：

```
# ./kubeedge/build/edge /run_daemon.sh set \
    cloudhub=0.0.0.0:10000 \
    edgename=edge-node \
    EdgeCore_image="kubeedge/edgecore:latest" \
    arch=amd64 \
    qemu_arch=x86_64 \
    certpath=/etc/kubeedge/certs \
    certfile=/etc/kubeedge/certs/edge.crt \
    keyfile=/etc/kubeedge/certs/edge.key
```

4）构建部署 KubeEdge 的边缘组件所需的镜像，命令如下：

```
#./kubeedge/build/edge /run_daemon.sh build
```

5）启动 KubeEdge 的边缘组件容器，命令如下：

```
#./kubeedge/build/edge /run_daemon.sh up
```

至此，以容器化的方式部署 KubeEdge 的云组件和边缘组件都已经完成。关于 KubeEdge 的状态查看以及基于 KubeEdge 部署应用部分，读者可以参考 2.3.1 节。

## 2.4 部署端部分——EdgeX Foundry

EdgeX Foundry 是一个由 Linux Foundation 托管的、供应商中立的开源项目，用于为 IoT 边缘计算系统构建通用的开放框架。该项目的核心是一个互操作框架。该框架可以托管在与硬件和操作系统无关的平台上，以实现组件的即插即用，从而加速 IoT 解决方案的部署。本节将对 EdgeX Foundry 的部署方式进行系统梳理，并对部署方式中的相关注意事项进行详细说明，具体如表 2-6 所示。

表 2-6　KubeEdge 的部署方式和注意事项

| 部署方式 | 部署平台 | 部署原理 | 备　注 |
| --- | --- | --- | --- |
| 以容器化方式部署 | Docker-compose | 将 EdgeX Foundry 的各组件容器化，并通过 Docker-compose 对其进行部署、编排 | 目前，该部署方式是官方提供的部署方式之一 |
| | Kubernetes | 将 EdgeX Foundry 的各组件容器化，并通过 Kubernetes 对其进行部署、编排 | 目前，官方不提供该部署方式的相关说明 |
| | KubeEdge | 将 EdgeX Foundry 的各组件容器化，并通过 KubeEdge 对其进行部署、编排 | 目前，官方不提供该部署方式的相关说明 |
| 以系统进程方式部署 | 支持 EdgeX Foundry 运行的各种操作系统 | 将 EdgeX Foundry 的各组件以系统进程的方式进行部署 | 目前，该部署方式是官方提供的部署方式之一 |

需要说明的是，在本书云、边、端协同的边缘计算系统中，作为端解决方案的 EdgeX Foundry 是通过 KubeEdge 进行容器化部署的。但是，目前官方没有提供通过 KubeEdge 对其进行容器化部署的相关说明，所以笔者根据本书的部署环境针对 KubeEdge 开发了一套 yaml 文件。

1）该 yaml 文件托管在 GitHub 上（https://GitHub.com/WormOn/edgecomputing/tree/master/end），可作为读者学习参考的资料。

2）与通过 KubeEdge 进行容器化部署原理相同，读者也可以参考 yaml 文件完成对 EdgeX Foundry 的部署。

## 2.4.1　以系统进程的方式部署 EdgeX Foundry

以系统进程的方式部署 EdgeX Foundry，即将 EdgeX Foundry 的各组件以系统进程的方式进行部署。本节对该方式进行展开说明。

1）获取 EdgeX Foundry 源码。

命令如下：

```
#git clone https://GitHub.com/EdgeX Foundry/edgex-go.git
```

2）基于源码构建 EdgeX Foundry 各组件的二进制文件。

进入 edgex-go 源码根目录，命令如下：

```
#cd edgex-go
```

源码编译 edgex-go，命令如下：

```
#make build
```

构建 EdgeX Foundry 各组件的二进制文件，具体如图 2-10 所示。

```
[root@edge edgex-go]# make build
CGO_ENABLED=0 GO111MODULE=on go build -ldflags "-X github.com/edgexfoundry/edgex-go.Version=master" -o cmd/config-seed/config-seed ./cmd/config-seed
CGO_ENABLED=0 GO111MODULE=on go build -ldflags "-X github.com/edgexfoundry/edgex-go.Version=master" -o cmd/core-metadata/core-metadata ./cmd/core-metadata
CGO_ENABLED=1 GO111MODULE=on go build -ldflags "-X github.com/edgexfoundry/edgex-go.Version=master" -o cmd/core-data/core-data ./cmd/core-data
CGO_ENABLED=0 GO111MODULE=on go build -ldflags "-X github.com/edgexfoundry/edgex-go.Version=master" -o cmd/core-command/core-command ./cmd/core-command
CGO_ENABLED=0 GO111MODULE=on go build -ldflags "-X github.com/edgexfoundry/edgex-go.Version=master" -o cmd/support-logging/support-logging ./cmd/support-logging
CGO_ENABLED=0 GO111MODULE=on go build -ldflags "-X github.com/edgexfoundry/edgex-go.Version=master" -o cmd/support-notifications/support-notifications ./cmd/support-notifications
CGO_ENABLED=0 GO111MODULE=on go build -ldflags "-X github.com/edgexfoundry/edgex-go.Version=master" -o cmd/sys-mgmt-executor/sys-mgmt-executor ./cmd/sys-mgmt-executor
CGO_ENABLED=0 GO111MODULE=on go build -ldflags "-X github.com/edgexfoundry/edgex-go.Version=master" -o cmd/sys-mgmt-agent/sys-mgmt-agent ./cmd/sys-mgmt-agent
CGO_ENABLED=0 GO111MODULE=on go build -ldflags "-X github.com/edgexfoundry/edgex-go.Version=master" -o cmd/support-scheduler/support-scheduler ./cmd/support-scheduler
CGO_ENABLED=0 GO111MODULE=on go build -ldflags "-X github.com/edgexfoundry/edgex-go.Version=master" -o ./cmd/security-secrets-setup/security-secrets-setup ./cmd/security-secrets-setup
CGO_ENABLED=0 GO111MODULE=on go build -ldflags "-X github.com/edgexfoundry/edgex-go.Version=master" -o ./cmd/security-proxy-setup/security-proxy-setup ./cmd/security-proxy-setup
CGO_ENABLED=0 GO111MODULE=on go build -ldflags "-X github.com/edgexfoundry/edgex-go.Version=master" -o ./cmd/security-secretstore-setup/security-secretstore-setup ./cmd/security-secretstore-setup
CGO_ENABLED=0 GO111MODULE=on go build -ldflags "-X github.com/edgexfoundry/edgex-go.Version=master" -o ./cmd/security-file-token-provider/security-file-token-provider ./cmd/security-file-token-provider
```

图 2-10　构建 EdgeX Foundry 各组件的二进制文件

由图 2-10 可知，会在 ./cmd 下各组件子目录里生成相应的可执行文件，比如 config-seed 的可执行文件会在 ./cmd/config-seed 目录下，具体如图 2-11 所示。

```
[root@edge edgex-go]# ls cmd/
config-seed   core-data      security-file-token-provider  security-secrets-setup        support-logging         support-scheduler  sys-mgmt-executor
core-command  core-metadata  security-proxy-setup          security-secretstore-setup    support-notifications   sys-mgmt-agent
[root@edge edgex-go]# ls cmd/config-seed/
Attribution.txt  config-seed  Dockerfile  main.go  res
```

图 2-11　源码编译 edgex-go 生成的可执行文件

3）运行 EdgeX Foundry 的各组件。

通过 make 命令一键运行 edgex，命令如下：

```
#make run
```

由图 2-12 可知，make run 是通过执行 `#cd bin && ./edgex-launch.sh` 命令将 EdgeX Foundry 的各组件以系统进程的方式运行起来的。下面看一下 edgex-launch.sh 的具体内容。

打开 edgex-launch.sh：`#vim edgex-go/bin/edgex-launch.sh`，具体如下所示。

```
[root@edge edgex-go]# make run
cd bin && ./edgex-launch.sh
Creating directory: /root/cuitest/edgex-go/cmd/support-logging/logs
Creating directory: /root/cuitest/edgex-go/cmd/core-metadata/logs
level=INFO ts=2020-01-30T04:52:16.90079076Z app=edgex-support-logging source=init.go:117 msg="Database connected"
level=INFO ts=2020-01-30T04:52:16.900877978Z app=edgex-support-logging source=telemetry.go:86 msg="Telemetry starting"
level=INFO ts=2020-01-30T04:52:16.909911264Z app=edgex-support-logging source=httpserver.go:89 msg="Web server starting (localhost:48061)"
level=INFO ts=2020-01-30T04:52:16.909927221Z app=edgex-support-logging source=message.go:50 msg="Service dependencies resolved..."
level=INFO ts=2020-01-30T04:52:16.909940632Z app=edgex-support-logging source=message.go:51 msg="Starting edgex-support-logging master "
level=INFO ts=2020-01-30T04:52:16.90094833Z app=edgex-support-logging source=message.go:55 msg="This is the Support Logging Microservice"
level=INFO ts=2020-01-30T04:52:16.909957002Z app=edgex-support-logging source=message.go:58 msg="Service started in: 4.952508ms"
level=INFO ts=2020-01-30T04:52:16.901232229Z app=edgex-support-logging source=httpserver.go:97 msg="Web server stopped"
level=INFO ts=2020-01-30T04:52:16.901469326Z app=edgex-core-metadata source=database.go:152 msg="Database connected"
Creating directory: /root/cuitest/edgex-go/cmd/core-command/logs
Creating directory: /root/cuitest/edgex-go/cmd/sys-mgmt-agent/logs
level=INFO ts=2020-01-30T04:52:16.903534156Z app=edgex-sys-mgmt-agent source=httpserver.go:89 msg="Web server starting (localhost:48090)"
level=INFO ts=2020-01-30T04:52:16.905348248Z app=edgex-core-command source=database.go:152 msg="Database connected"
Creating directory: /root/cuitest/edgex-go/cmd/support-scheduler/logs
level=INFO ts=2020-01-30T04:52:16.906779808Z app=edgex-sys-mgmt-agent source=message.go:50 msg="Service dependencies resolved..."
level=INFO ts=2020-01-30T04:52:16.907302Z app=edgex-sys-mgmt-agent source=httpserver.go:97 msg="Web server stopped"
Creating directory: /root/cuitest/edgex-go/cmd/support-notifications/logs
level=INFO ts=2020-01-30T04:52:16.908786997Z app=edgex-core-metadata source=telemetry.go:86 msg="Telemetry starting"
level=INFO ts=2020-01-30T04:52:16.90916881Z app=edgex-support-scheduler source=database.go:152 msg="Database connected"
level=INFO ts=2020-01-30T04:52:16.909934093Z app=edgex-core-command source=telemetry.go:86 msg="Telemetry starting"
level=INFO ts=2020-01-30T04:52:16.910495203Z app=edgex-support-notifications source=database.go:152 msg="Database connected"
level=INFO ts=2020-01-30T04:52:16.911315736Z app=edgex-sys-mgmt-agent source=message.go:51 msg="Starting edgex-sys-mgmt-agent master "
level=INFO ts=2020-01-30T04:52:16.912049802Z app=edgex-core-metadata source=httpserver.go:89 msg="Web server starting (localhost:48081)"
level=INFO ts=2020-01-30T04:52:16.912625856Z app=edgex-core-command source=httpserver.go:89 msg="Web server starting (localhost:48082)"
level=INFO ts=2020-01-30T04:52:16.913218298Z app=edgex-support-scheduler source=loader.go:38 msg="loading intervals, interval actions ..."
Creating directory: /root/cuitest/edgex-go/cmd/core-data/logs
```

图 2-12　edgex-go 一键启动命令和输出结果

```
#!/bin/bash
#
# Copyright (c) 2018
# Mainflux
#
# SPDX-License-Identifier: Apache-2.0
#

###
# Launches all EdgeX Go binaries (must be previously built).
#
# Expects that Consul and MongoDB are already installed and running.
#
###

DIR=$PWD
CMD=../cmd

# Kill all edgex-* stuff
function cleanup {
 pkill edgex
}

# disable secret-store integration
```

```
export EDGEX_SECURITY_SECRET_STORE=false

###
# Support logging
###
cd $CMD/support-logging
# Add `edgex-` prefix on start, so we can find the process family
exec -a edgex-support-logging ./support-logging &
cd $DIR

###
# Core Command
###
cd $CMD/core-command
# Add `edgex-` prefix on start, so we can find the process family
exec -a edgex-core-command ./core-command &
cd $DIR

###
# Core Data
###
cd $CMD/core-data
exec -a edgex-core-data ./core-data &
cd $DIR

###
# Core Meta Data
###
cd $CMD/core-metadata
exec -a edgex-core-metadata ./core-metadata &
cd $DIR

###
# Support Notifications
###
cd $CMD/support-notifications
# Add `edgex-` prefix on start, so we can find the process family
exec -a edgex-support-notifications ./support-notifications &
cd $DIR

###
```

```
# System Management Agent
###
cd $CMD/sys-mgmt-agent
# Add `edgex-` prefix on start, so we can find the process family
exec -a edgex-sys-mgmt-agent ./sys-mgmt-agent &
cd $DIR

# Support Scheduler
###
cd $CMD/support-scheduler
# Add `edgex-` prefix on start, so we can find the process family
exec -a edgex-support-scheduler ./support-scheduler &
cd $DIR

trap cleanup EXIT

while : ; do sleep 1 ; done
```

edgex-launch.sh 主要做了 3 件事。

1）通过 shell 的内置命令 exec 将 EdgeX Foundry 的各组件以系统进程的方式运行起来。

2）通过一个 while 死循环将 edgex-launch.sh 以前台驻留进程的方式驻留在前台。

3）通过 trap 命令监听 EXIT 信号，并在监听到 EXIT 信号之后，调用 clean 函数结束 EdgeX Foundry 各组件以系统进程的方式运行起来的进程。

### 2.4.2 以容器化的方式部署 EdgeX Foundry

以容器化方式部署 EdgeX Foundry，即使用 Docker-compose、Kubernetes 和 KubeEdge 对 EdgeX Foundry 进行容器化部署。本节对使用 Docker-compose 部署 EdgeX Foundry 的步骤进行详细说明。

1）获取 EdgeX Foundry 源码，命令如下：

```
#git clone https://GitHub.com/EdgeX Foundry/edgex-go.git
```

2）基于源码构建 EdgeX Foundry 各组件的二进制文件。

①进入 edgex-go 源码根目录，命令如下：

```
#cd edgex-go
```

②源码编译 edgex-go 命令如下：

```
#make build
```

源码编译 edgex-go 具体如图 2-13 所示。

```
[root@edge edgex-go]# make build
CGO_ENABLED=0 GO111MODULE=on go build -ldflags "-X github.com/edgexfoundry/edgex-go.Version=master" -o cmd/config-seed/config-seed ./cmd/config-seed
CGO_ENABLED=0 GO111MODULE=on go build -ldflags "-X github.com/edgexfoundry/edgex-go.Version=master" -o cmd/core-metadata/core-metadata ./cmd/core-metadata
CGO_ENABLED=1 GO111MODULE=on go build -ldflags "-X github.com/edgexfoundry/edgex-go.Version=master" -o cmd/core-data/core-data ./cmd/core-data
CGO_ENABLED=0 GO111MODULE=on go build -ldflags "-X github.com/edgexfoundry/edgex-go.Version=master" -o cmd/core-command/core-command ./cmd/core-command
CGO_ENABLED=0 GO111MODULE=on go build -ldflags "-X github.com/edgexfoundry/edgex-go.Version=master" -o cmd/support-logging/support-logging ./cmd/support-logging
CGO_ENABLED=0 GO111MODULE=on go build -ldflags "-X github.com/edgexfoundry/edgex-go.Version=master" -o cmd/support-notifications/support-notifications ./cmd/support-notifications
CGO_ENABLED=0 GO111MODULE=on go build -ldflags "-X github.com/edgexfoundry/edgex-go.Version=master" -o cmd/sys-mgmt-executor/sys-mgmt-executor ./cmd/sys-mgmt-executor
CGO_ENABLED=0 GO111MODULE=on go build -ldflags "-X github.com/edgexfoundry/edgex-go.Version=master" -o cmd/sys-mgmt-agent/sys-mgmt-agent ./cmd/sys-mgmt-agent
CGO_ENABLED=0 GO111MODULE=on go build -ldflags "-X github.com/edgexfoundry/edgex-go.Version=master" -o cmd/support-scheduler/support-scheduler ./cmd/support-scheduler
CGO_ENABLED=0 GO111MODULE=on go build -ldflags "-X github.com/edgexfoundry/edgex-go.Version=master" -o ./cmd/security-secrets-setup/security-secrets-setup ./cmd/security-secrets-setup
CGO_ENABLED=0 GO111MODULE=on go build -ldflags "-X github.com/edgexfoundry/edgex-go.Version=master" -o ./cmd/security-proxy-setup/security-proxy-setup ./cmd/security-proxy-setup
CGO_ENABLED=0 GO111MODULE=on go build -ldflags "-X github.com/edgexfoundry/edgex-go.Version=master" -o ./cmd/security-secretstore-setup/security-secretstore-setup ./cmd/security-secretstore-setup
CGO_ENABLED=0 GO111MODULE=on go build -ldflags "-X github.com/edgexfoundry/edgex-go.Version=master" -o ./cmd/security-file-token-provider/security-file-token-provider ./cmd/security-file-token-provider
```

图 2-13 源码编译 edgex-go

由图 2-13 可知，在 ./cmd 下各组件子目录里生成了相应的可执行文件，比如 config-seed 的可执行文件会在 ./cmd/config-seed 目录下，具体如图 2-14 所示。

```
[[root@edge edgex-go]# ls cmd/
config-seed    core-data       security-file-token-provider  security-secrets-setup      support-logging        support-scheduler  sys-mgmt-executor
core-command   core-metadata   security-proxy-setup          security-secretstore-setup  support-notifications  sys-mgmt-agent
[[root@edge edgex-go]# ls cmd/config-seed/
Attribution.txt  config-seed  Dockerfile  main.go  res
```

图 2-14 edgex-go 源码编译结果

3）构建 EdgeX Foundry 各组件的镜像。

使用 Docker 容器对 edgex-go 进行源码编译的命令如下：

```
# make docker
```

具体如图 2-15 所示。

4）获取运行 EdgeX Foundry 各组件的 docker-compose.yml 文件，命令如下：

```
#curl -s -o docker-compose.yml https://raw.GitHubusercontent.com/EdgeX
    Foundry/developer-scripts/master/releases/edinburgh/compose-files//
    docker-compose-edinburgh-no-secty-1.0.1.yml
```

将 docker-compose.yml 文件的相关镜像替换为最新镜像，命令如下：

```
# vim docker-compose.yml
```

```
[[root@edge edgex-go]# make docker
docker build \
        -f cmd/config-seed/Dockerfile \
        --label "git_sha=7ca3df59c01c7f56d3c83a840c5995cdb7718c20" \
        -t edgexfoundry/docker-core-config-seed-go:7ca3df59c01c7f56d3c83a840c5995cdb7718c20 \
        -t edgexfoundry/docker-core-config-seed-go:master-dev \
        .
Sending build context to Docker daemon  384.2MB
Step 1/38 : FROM golang:1.12-alpine AS build-env
1.12-alpine: Pulling from library/golang
c9b1b535fdd9: Pull complete
cbb0d8da1b30: Pull complete
d909eff28200: Pull complete
5a53565f2368: Pull complete
70debc116c7f: Pull complete
Digest: sha256:820a1f62d83b65d3ebf3d38afe08ac378ff27a7f5d5fd7f60ccd1601fd03060f
Status: Downloaded newer image for golang:1.12-alpine
 ---> b889ec575585
Step 2/38 : ENV GO111MODULE=on
```

图 2-15　使用 Docker 容器对 edgex-go 进行源码编译

替换镜像具体如图 2-16 所示。

```
version: '3'
volumes:
  db-data:
  log-data:
  consul-config:
  consul-data:
  portainer_data:

services:
  volume:
    image: edgexfoundry/docker-edgex-volume:1.0.0
    container_name: edgex-files
    networks:
      edgex-network:
        aliases:
          - edgex-files
    volumes:
      - db-data:/data/db
      - log-data:/edgex/logs
      - consul-config:/consul/config
      - consul-data:/consul/data
```

图 2-16　替换镜像

5）运行 EdgeX Foundry。

使用 docker-compose 启动 EdgeX Foundry，命令如下：

```
# docker-compose up -d
```

具体如图 2-17 所示。

```
[root@edge tmp]# docker-compose up -d
WARNING: Found orphan containers (edgex-device-
up.
Creating edgex-files ... done
Creating tmp_portainer_1    ... done
Creating edgex-mongo        ... done
Creating edgex-core-consul ... done
Creating edgex-config-seed ... done
Creating edgex-support-logging ... done
Creating edgex-core-data              ... done
Creating edgex-core-metadata          ... done
Creating edgex-support-notifications ... done
Creating edgex-sys-mgmt-agent         ... done
Creating edgex-support-scheduler      ... done
Creating edgex-core-command           ... done
Creating edgex-export-client          ... done
Creating edgex-ui-go                  ... done
Creating edgex-device-virtual         ... done
Creating edgex-export-distro          ... done
Creating edgex-support-rulesengine    ... done
```

图 2-17　使用 docker-compose 启动 EdgeX Foundry

至此，通过 docker-compose 以容器化的方式运行 EdgeX Foundry 的相关步骤介绍也就结束了。

## 2.5　本章小结

本章梳理了云、边、端协同的边缘计算系统的整体架构，罗列了云、边、端各部分包含的组件的技术栈，还分别对云、边、端各部分的部署方式进行了系统梳理和详细说明。下一章将对整个边缘计算系统的逻辑架构及云、边、端之间的逻辑关系进行系统梳理。

# 原 理 篇

第 3 章 Chapter 3

# 边缘计算系统逻辑架构

通过第 1 章和第 2 章的学习，我们对边缘计算系统有了一个感性认识。本章将对整个边缘计算系统的逻辑架构及云、边、端之间的逻辑关系进行系统梳理。

## 3.1 边缘计算系统逻辑架构简介

由图 3-1 可知，逻辑架构侧重边缘计算系统云、边、端各部分之间的交互和协同，包括云、边协同，边、端协同和云、边、端协同 3 个部分。

1）云、边协同：通过云部分 Kubernetes 的控制节点和边部分 KubeEdge 所运行的节点共同实现。

2）边、端协同：通过边部分 KubeEdge 和端部分 EdgeX Foundry 共同实现。

3）云、边、端协同：通过云解决方案 Kubernetes 的控制节点、边缘解决方案 KubeEdge 和端解决方案 EdgeX Foundry 共同实现。

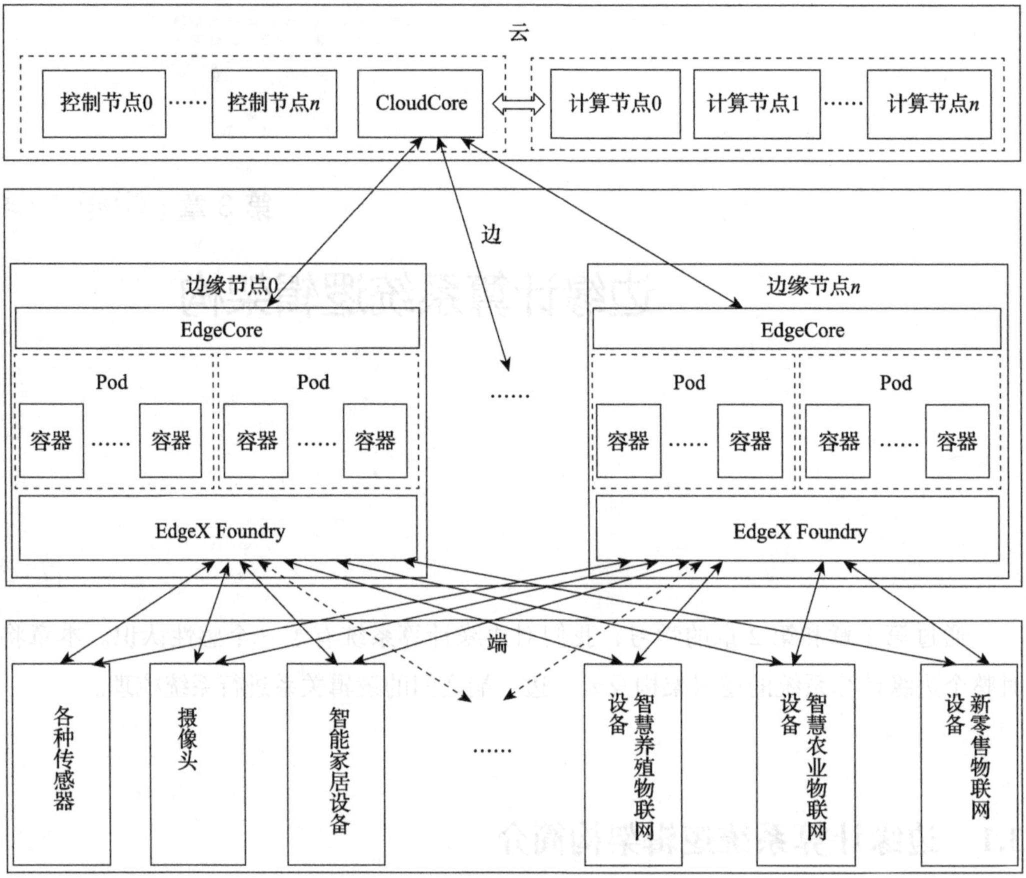


图 3-1　边缘计算系统逻辑架构

## 3.2　云、边协同

云、边协同的具体实现如图 3-2 所示。

1）Kubernetes 控制节点沿用云部分原有的数据模型，保持原有的控制、数据流程不变，即 KubeEdge 所运行的节点在 Kubernetes 上呈现出来的是一个普通节点。Kubernetes 可以像管理普通节点一样管理 KubeEdge 所运行的节点。

2）KubeEdge 之所以能够运行在资源受限、网络质量不可控的边缘节点上，是因为 KubeEdge 在 Kubernetes 控制节点的基础上通过云部分的 CloudCore 和边缘部分的 EdgeCore 实现了对 Kubernetes 云计算编排容器化应用的下沉。云部分的 CloudCore 负责监听 Kubernetes 控制节点的指令和事件下发到边缘部分的 EdgeCore，同时将边缘部分的 EdgeCore 上报的状态信息和事件信息提交给 Kubernetes 的控制节点；边缘部分的 EdgeCore 负责接收云部分 CloudCore 的指令和事件信息，并执行相关指令和维护边缘负载，同时将边缘部分的状态信息和事件信息上报给云部分的 CloudCore。除此之外，EdgeCore 是在 Kubelet 组件基础上裁剪、定制而成的，即将 Kubelet 在边缘上用不到的富功能进行裁剪，针对边缘部分资源受限、网络质量不佳的现状在 Kubelet 的基础上增加了离线计算功能，使 EdgeCore 能够很好地适应边缘环境。

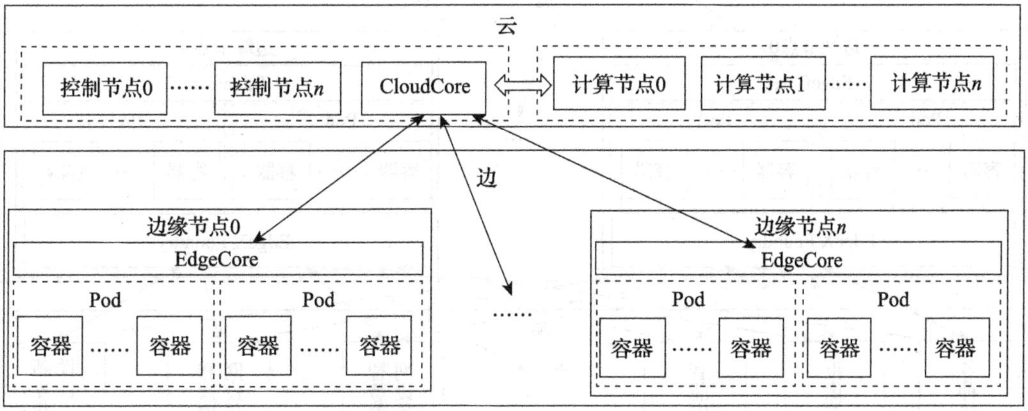


图 3-2　边缘计算系统中云、边协同逻辑架构

## 3.3　边、端协同

边、端协同的具体实现如图 3-3 所示。

1）KubeEdge 作为运行在边缘节点的管理程序，负责管理在边缘节点上应用负载的资源、运行状态和故障等。在本书的边缘计算系统中，KubeEdge 为 EdgeX Foundry 服务提供所需的计算资源，同时负责管理 EdgeX Foundry 端服务的整个生命周期。

2）EdgeX Foundry 是由 KubeEdge 管理的一套 IoT SaaS 平台。该平台以微服务的形式管理多种物联网终端设备。同时，EdgeX Foundry 可以通过所管理的微服务采集、过滤、存储和挖掘多种物联网终端设备的数据，也可以通过所管理的微服务向多种物联网终端设备下发指令来对终端设备进行控制。

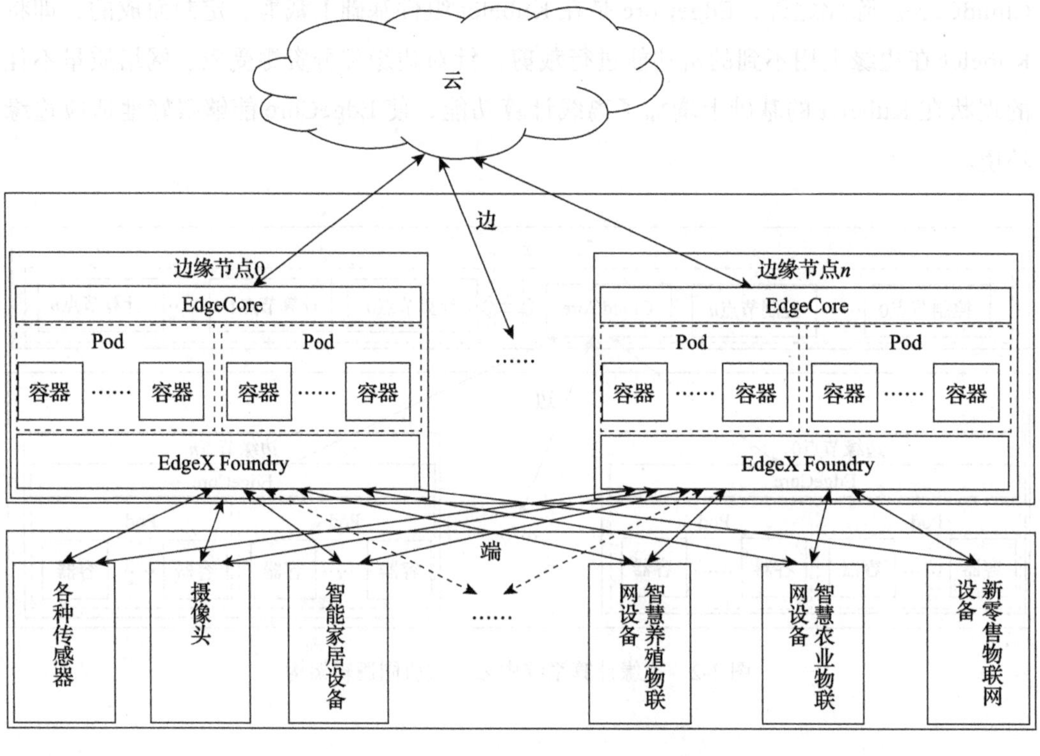


图 3-3　边缘计算系统中边、端协同逻辑架构

由图 3-4 可知，KubeEdge 的解决方案由 MQTT 代理和对接支持各种协议设备的服务组成。

1）MQTT 代理：作为各种物联网终端设备和 KubeEdge 节点之间的一个通信管道，负责接收终端设备发送的数据，并将接收到的数据发送到已经订阅 MQTT 代理的 KubeEdge 节点上。

2）对接支持各种协议设备的服务：负责与支持相应协议的设备进行交互，能够采集设备的数据并发送给 MQTT 代理，能够从 MQTT 代理接收相关指令并下发到设备。

通过上述分析可知，KubeEdge 的端解决方案还比较初级。

1）KubeEdge 的端解决方案支持的负载类型还比较单一，目前只能通过 MQTT 代理支持一些物联网终端设备，对视频处理和使用 AI 模型进行推理的应用负载还不支持。

2）对接支持各种协议设备的服务目前还比较少，只支持使用 Bluetooth 和 Modbus 两种协议的设备。

基于上述原因，本书的边缘计算系统的端解决方案没有使用 KubeEdge 的端解决方案，而是使用 EdgeX Foundry 这款功能相对完善的 IoT SaaS 平台。

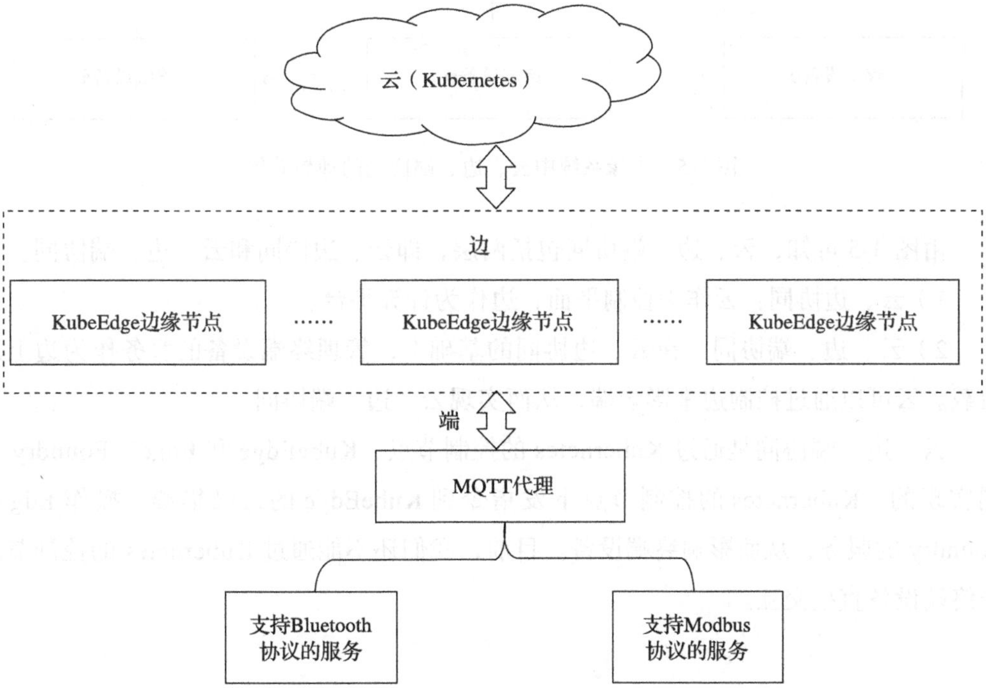


图 3-4 KubeEdge 端解决方案逻辑架构

## 3.4 云、边、端协同

边缘计算系统中云、边、端协同的理想效果如图 3-5 所示。

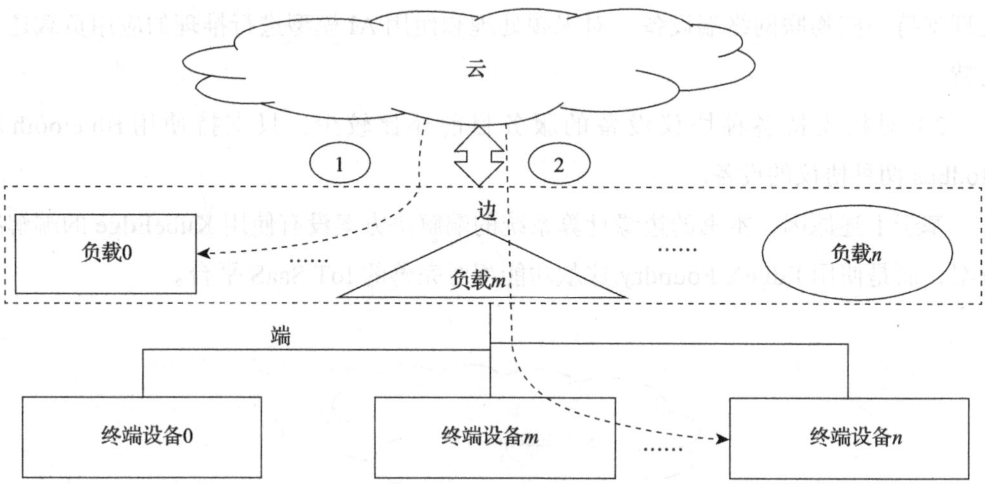


图 3-5 边缘系统中云、边、端协同的理想效果

由图 3-5 可知，云、边、端协同包括两层，即云、边协同和云、边、端协同。

1）云、边协同：云作为控制平面，边作为计算平台。

2）云、边、端协同：在云、边协同的基础上，管理终端设备的服务作为边上的负载。云可以通过控制边来影响端，从而实现云、边、端协同。

云、边、端协同是通过 Kubernetes 的控制节点、KubeEdge 和 EdgeX Foundry 共同实现的，Kubernetes 的控制节点下发指令到 KubeEdge 的边缘集群，操作 EdgeX Foundry 的服务，从而影响终端设备。目前，我们还不能通过 Kubernetes 的控制节点与终端设备直接交互。

## 3.5 本章小结

本章对整个边缘计算系统的逻辑架构及云、边、端之间的逻辑关系和现状进行了系统梳理。

1）从云、边协同的架构切入，对目前云、边协同的架构和原理进行了梳理，同时对边解决方案的一些特性进行了说明。

2）从边、端协同的架构切入，对目前边、端协同的架构和原理进行了系统梳理，并对 KubeEdge 自有的端解决方案的架构、原理和现状进行了说明。

3）从云、边、端协同的架构切入，主要对云、边、端协同的理想效果进行了说明。

第 4 章 Chapter 4

# 云部分原理解析

本章将对边缘计算系统的云部分 Kubernetes 的原理进行解析，从 Kubernetes 的总体架构和逻辑架构入手，依次对 Kubernetes 的控制流、数据流、资源调度和资源编排展开分析。

## 4.1 整体架构

边缘计算云部分 Kubernetes 整体架构如图 4-1 所示。从图 4-1 中，我们可以发现以下几点。

1）从 Kubernetes 的 GitHub 仓库的已发布版本可知，Kubernetes 支持的 CPU 架构包括 X86、ARM、s390x 和 ppc64le。

2）从 Kubernetes 的 GitHub 仓库的已发布版本可知，Kubernetes 支持的操作系统类型包括 Linux、Windows 和 macOS。

3）从 Kubernetes 的官网可知，Kubernetes 支持的容器运行时包括 Docker、Containerd、Cri-o 和 Frakti。

4）按功能划，Kubernetes 组件可分为控制节点组件、计算节点组件和集群存储组件。控制节点组件包括 Kube-apiserver、Kube-controller-manager 和 Kube-scheduler，计算节点组件包括 Kubelet 和 Kube-proxy，集群存储组件包括 Etcd。

5）Kubernetes 在云上的负载以 Pod 形式运行，Pod 由 Container 组成。Container 是基于操作系统的 NameSpace、Cgroup 和 Filesystem 共同作用而隔离出来的。以系统进程独立运行的空间。

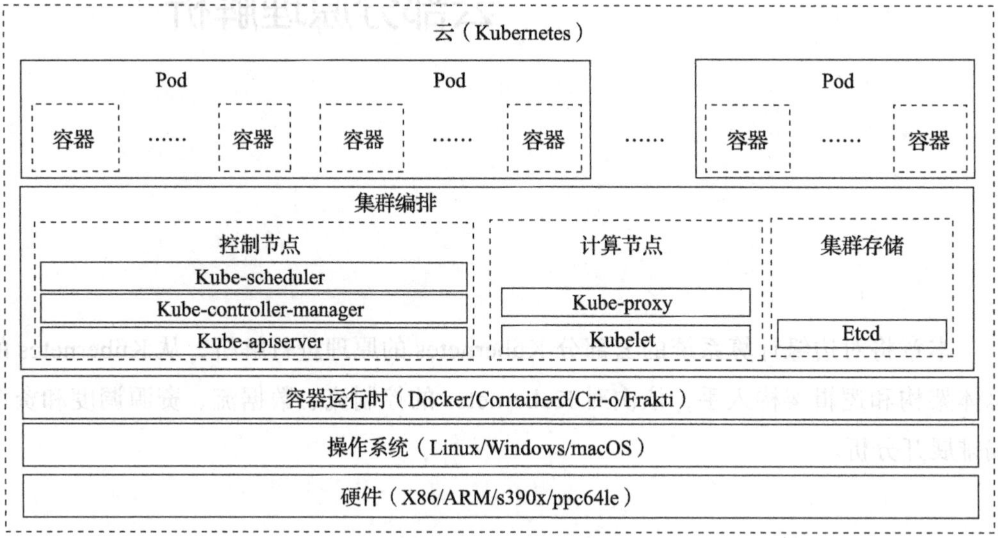


图 4-1 边缘计算云部分 Kubernetes 整体架构

## 4.2 逻辑架构

边缘计算系统云部分 Kubernetes 逻辑架构如图 4-2 所示。

由图 4-2 可知，Kubernetes 逻辑架构包含两种类型的节点，即控制节点和计算节点。

1）控制节点：负责 Kubernetes 集群的管理工作，在集群基础设施层面负责对集群规模的调整，比如集群中计算节点的增、删、改、查；在集群管理的应用负载资源层面负责对集群内应用资源的增、删、改、查；集群中应用的故障自愈等。

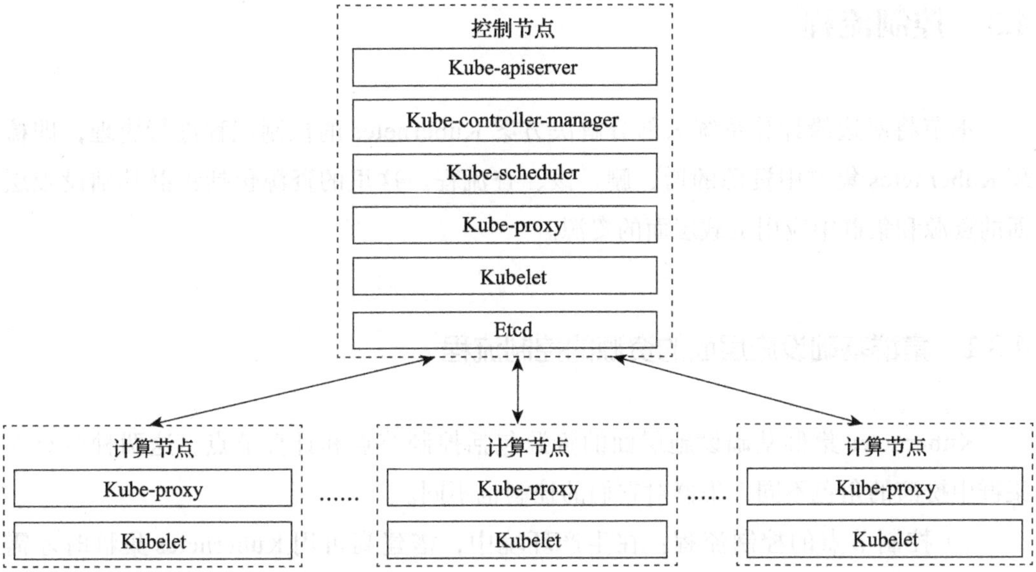


图 4-2　边缘计算系统云部分 Kubernetes 逻辑架构

2）计算节点：负责 Kubernetes 集群中应用负载的最终运行和状态监控，即接收控制节点的调度结果，并根据调度结果对集群中的应用负载进行操作。此外，还要对集群中的应用负载的运行状态和资源使用情况进行监控，并以心跳或事件的形式上报给控制节点。

对比 Kubernetes 的控制节点组件列表和计算节点组件列表之后，读者可能会疑惑，为什么本节的控制节点组件列表中既包含控制节点组件 Kube-apiserver、Kube-controller-manager 和 Kube-scheduler，又包含计算节点组件 Kubelet 和 Kube-proxy？

这是因为在 Kubernetes 集群中控制节点的所有组件也是以应用负载的形式运行的，而在 Kubernetes 集群中运行应用负载是通过计算节点组件 Kubelet 和 Kube-proxy 完成的。

为了保证控制节点组件稳定运行，控制节点默认不支持控制节点组件以外的应用负载类型，这可以通过给控制节点增加 Taint 来实现。

## 4.3 控制流程

本节将对边缘计算系统云部分解决方案 Kubernetes 的控制流程进行梳理，即梳理 Kubernetes 集群中资源的增、删、该、查流程。这里的资源包括集群基础设施层面的资源和集群中应用负载层面的资源。

### 4.3.1 集群基础设施层面的资源的控制流程

Kubernetes 集群基础设施层面的资源包括控制节点和计算节点，这两种节点在集群中扮演的角色不同，集群对它们的控制也不同。

1）控制节点的控制流程：在生产环境中，搭建高可用 Kubernetes 集群时才需要对控制节点进行控制。在 Kubernetes 集群中，可以人为介入增加或删除控制节点，但不可以通过某个控制节点增加或删除其他控制节点。

2）计算节点的控制流程：在 Kubernetes 集群中，可通过 Kubeadm 和 Kubectl 对集群中的计算节点进行控制。一般使用 Kubeadm 对集群中的计算节点进行增加或删除，使用 Kubectl 对集群中的计算节点进行查询，也可以使用 Kubectl 对集群中的计算节点进行修改和删除，但很少这么用。

#### 1. 控制节点的控制流程

控制节点的控制流程如图 4-3 所示。

由图 4-3 可知，在 Kubernetes 集群中，我们可以通过对控制节点的控制使集群中的控制节点从单个增加到多个（控制节点数为 $2n-1$，$n$ 是大于 1 的整数），也可以使集群中的控制节点从多个减少到单个。在调整控制节点个数的过程中，集群存储组件 Etcd 的个数也在随之调整，因为集群中控制节点之间都是无状态的，且无法相互感知，需要借助 Etcd 来保证集群状态的一致性。

#### 2. 计算节点的控制流程

计算节点的控制流程如图 4-4 所示。

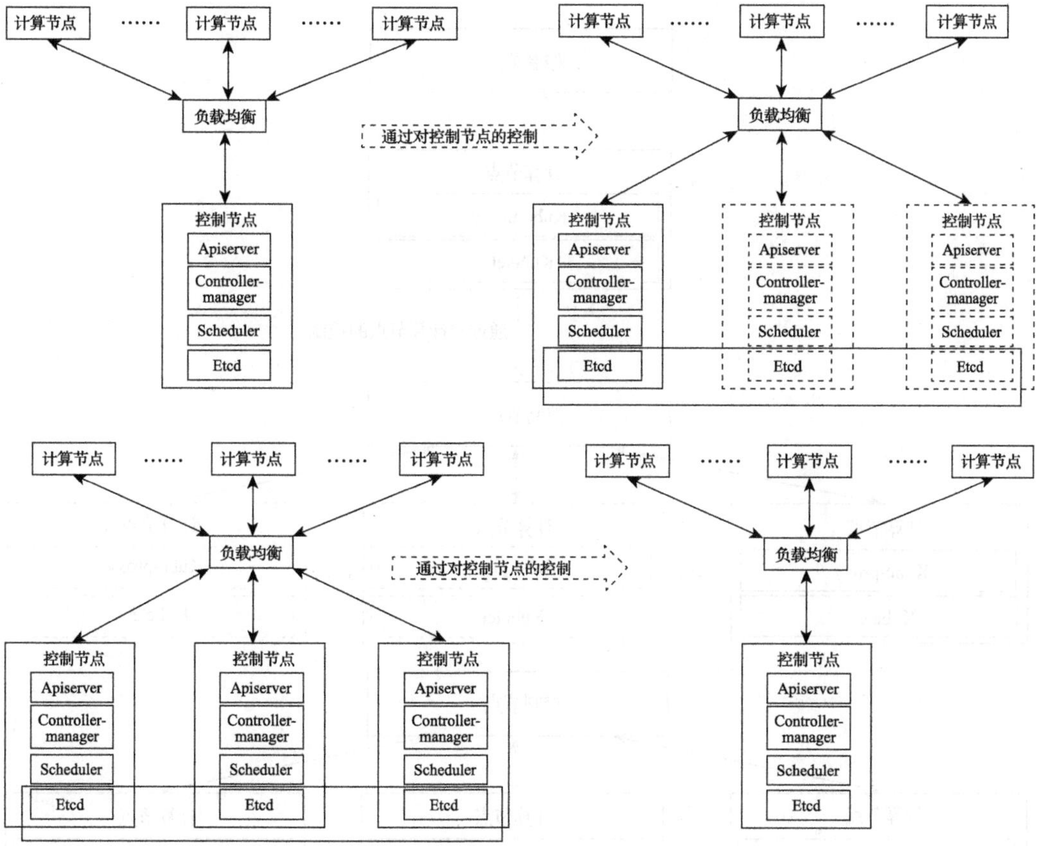


图 4-3 控制节点的控制流程

由图 4-4 可知，在 Kubernetes 集群中，可以通过计算节点控制流程使计算节点增加或减少。

1）通过计算节点的控制流程增加 Kubernetes 集群中的节点不需要遵守，节点数不需要遵守 $2n-1$ 的规律，但目前官网要求集群中节点不能超过 5000 个。

2）通过计算节点的控制流程减少 Kubernetes 集群中的节点，节点数不需要遵守 $2n-1$ 的规律。我们可以将集群中计算节点的数量减少到 0 个。Kubernetes 集群的控制节点默认无法调度任何应用负载，需要在控制节点上消除 Taint 来将其打开。

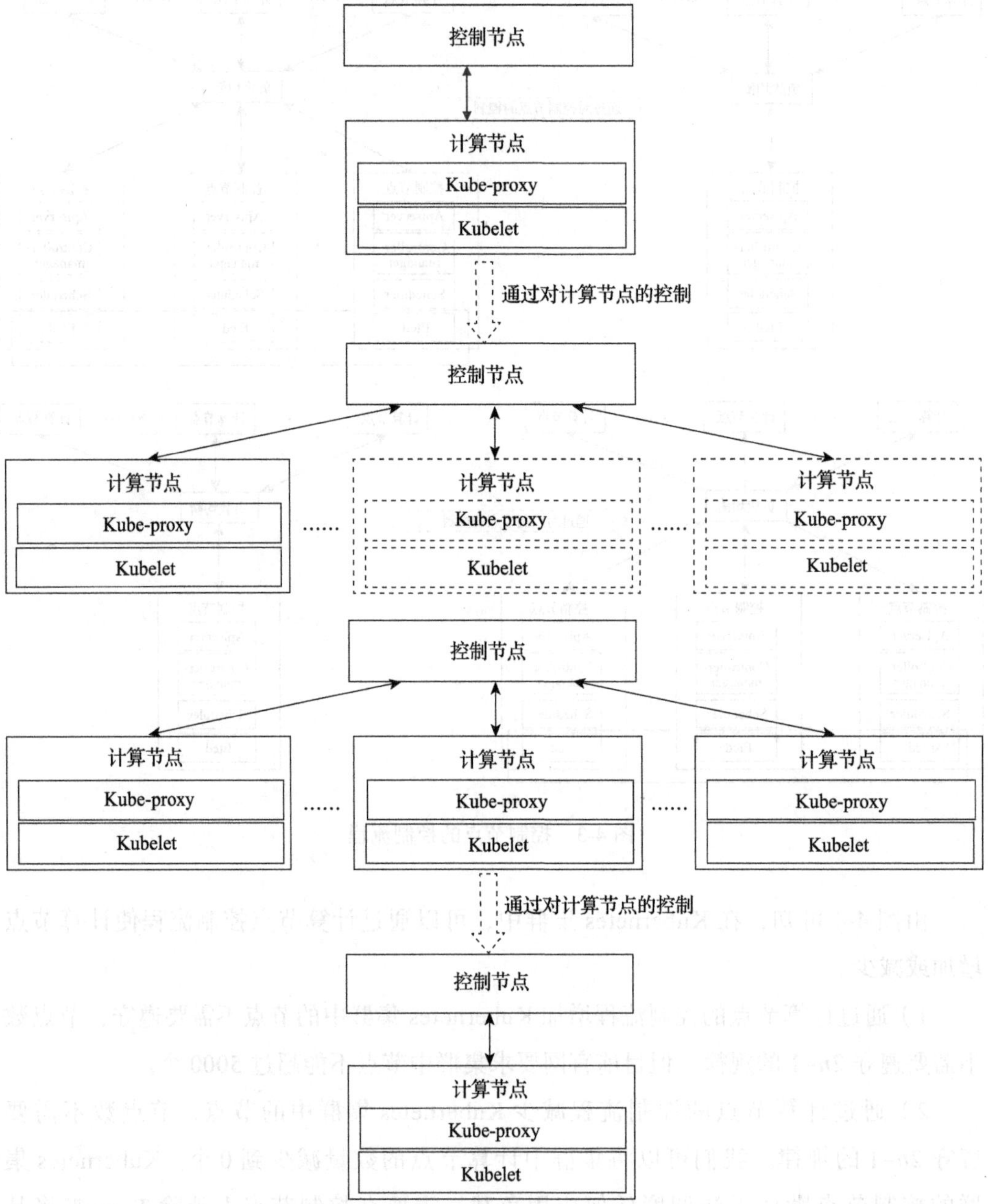


图 4-4　计算节点的控制流程

## 4.3.2 集群中应用负载层面的资源的控制流程

Kubernetes 集群中与应用负载相关的资源很多，包括 Deployment、ReplicaSet、Pod、Service、Endpoint、Service Acount、Secret、Volume 等。这些资源的控制流程基本相同，而且其中绝大部分资源是为 Pod 服务的，所以本节侧重分析 Pod 相关资源增、删、改、查的流程。

### 1. 资源创建流程

资源创建流程如图 4-5 所示。

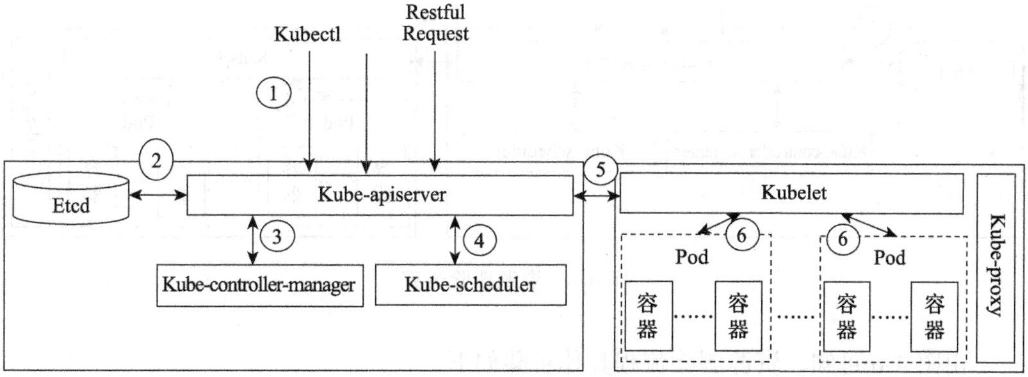


图 4-5 资源创建流程

由图 4-5 可知，资源创建流程具体步骤如下。

1）通过 Kubectl 或 Restful Request 将要创建的资源转化为 Kube-apiserver 所能接受的格式的资源对象，调用 Kube-apiserver 的资源创建接口将资源对象传入集群。

2）Kube-apiserver 将传入集群的资源对象写入 Etcd 相应路径。

3）Kube-controller-manager 监听到 Etcd 中有需要创建的资源时，调用对应的 Controller 将需要创建的资源写进相应的队列。

4）Kube-scheduler 在需要创建的资源队列中监听到相应的资源后，会调用可用的调度算法和调度策略对可用的节点进行过滤和打分，最后选出可用的最优节点与需要创建的资源进行绑定，并调用 Kube-apiserver 的相应接口将调度结果写进 Etcd 指定的路径。

5）Kubelet 监听到 Etcd 指定路径下有新的调度结果——需要创建的资源与节点的绑定信息，则根据调度结果在相应的节点上以应用负载或相应资源对象的方式创建资源并监控其运行状态。

### 2. 资源删除流程

资源删除流程如图 4-6 所示。

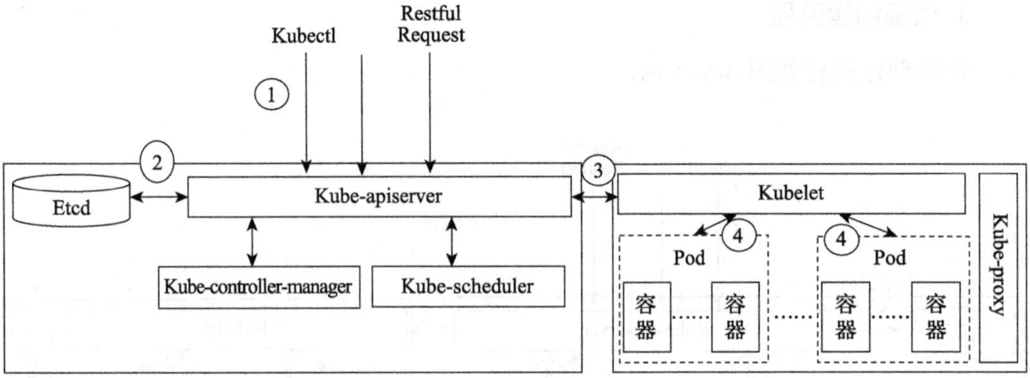


图 4-6　资源删除流程

由图 4-6 可知，资源删除流程具体步骤如下。

1）通过使用 Kubectl 或 Restful Request 将要删除的资源转化为 Kube-apiserver 所能接受的格式的资源对象，调用 Kube-apiserver 的资源删除接口将需要删除的资源对象传入集群。

2）Kube-apiserver 将传入集群的资源对象写入 Etcd 相应路径。

3）Kubelet 监听到 Etcd 指定路径下有需要删除的资源时，会根据该信息检查所在节点上是否存在需要删除的资源。

4）Kubelet 将所在的节点上满足条件的资源删除。

### 3. 资源修改流程

资源修改流程如图 4-7 所示。

由图 4-7 可知，资源修改流程具体步骤如下。

1）通过使用 Kubectl 或 Restful Request 将要修改的资源转化为 Kube-apiserver

所能接受的格式的资源对象，调用 Kube-apiserver 的资源修改接口将需要修改的资源对象传入集群。

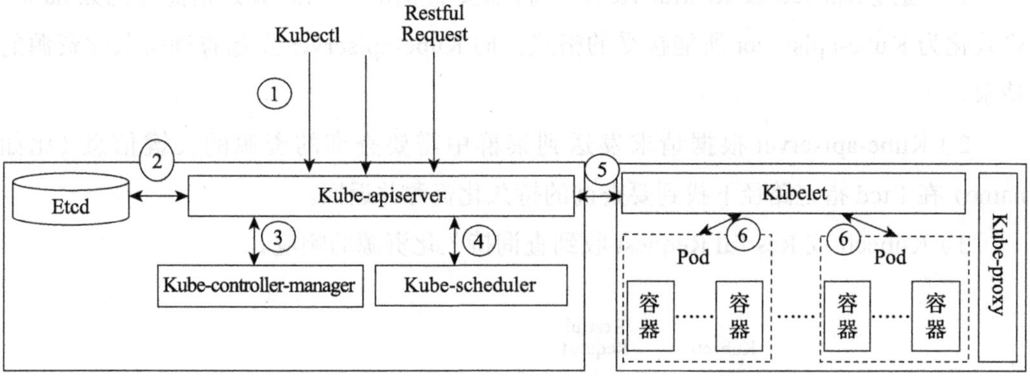


图 4-7　资源修改流程

2）Kube-apiserver 将传入集群的资源对象写入 Etcd 相应路径。

3）Kube-controller-manager 在监听到 Etcd 中有需要修改的资源时，会调用对应的 Controller 将需要修改的资源写进相应的队列。

4）Kube-scheduler 在需要修改的资源队列中监听到相应的资源时，会调用可用的调度算法和调度策略对可用的节点进行过滤和打分，最后选出可用的最优节点与需要修改的资源进行绑定，并调用 Kube-apiserver 的相应接口将调度结果写入 Etcd 指定的路径。

5）Kubelet 监听 Etcd 指定路径下新的调度结果，即需要修改的资源与节点的绑定信息，则根据该信息在绑定节点上修改相应的资源，并监控其后续运行状态。

#### 4. 资源查询流程

资源查询流程与资源的增、删、改流程有些不同。查询的资源分两种。

1）Etcd 中持久化存储的静态资源：包括集群基础设施层面的 Node 节点以及集群中应用负载层面的 Deployment、ReplicaSet、Pod、Service、Endpoint、Service Acount、Secret、Volume 等。

2）实时状态资源：包括集群基础设施层面的 Node 节点所占的 CPU、内存等动态变化的资源，集群中应用负载层面的 CPU、内存等动态变化的资源和集群中应用负载的日志等。

由图 4-8 可知，查询 Etcd 中持久化存储的资源具体步骤如下。

1）通过 Kubectl 或 Restful Request 将需要查询的资源的关键信息（比如 name）格式化为 Kube-apiserver 所能接受的格式，向 Kube-apiserver 发起查询持久化资源的请求。

2）Kube-apiserver 根据请求发送到集群中需要查询的资源的关键信息（比如 name）在 Etcd 指定路径下找到要查询的持久化资源并返回。

3）Kubectl 或 Restful Request 收到查询持久化资源的响应。

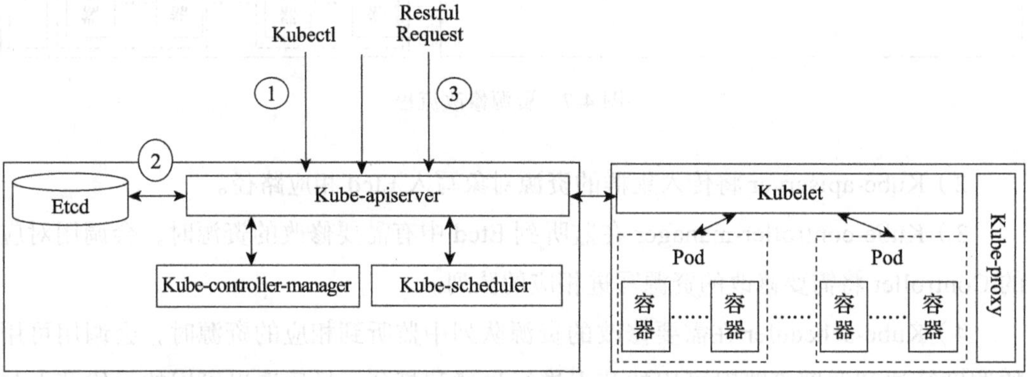


图 4-8 Etcd 中持久化存储资源的查询流程

由图 4-9 可知，查询实时状态资源的具体步骤如下。

1）通过 Kubectl 或 Restful Request 将需要查询的资源的关键信息（比如 name）格式化为 Kube-apiserver 所能接受的格式，向 Kube-apiserver 发起查询实时状态资源的请求。

2）Kube-apiserver 根据请求在 Etcd 指定路径下找到与查询的实时状态资源对应的节点信息。

3）Kube-apiserer 将实时状态资源查询请求转发到指定节点的 Kubelet 中。

4）指定节点的 Kubelet 根据请求查询相应的实时状态资源信息并返回。

5）Kubectl 或 Restful Request 收到查询的实时状态资源。

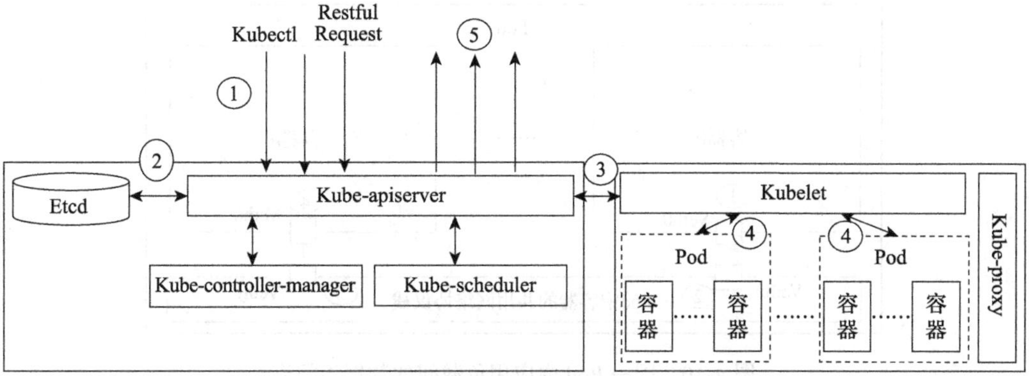


图 4-9　实时状态资源的查询流程

## 4.4　数据流

本节的数据流说明的是在边缘计算系统云部分 Kubernetes 集群环境下，集群内应用负载间的数据访问流和集群外应用到集群内应用负载的数据访问流。

数据流与网络方案密切相关。目前，Kubernetes 官网提供的网络解决方案有 Calico、Cilium、Contiv-VPP、Flannel、Kube-router 和 Weave Net。业界使用较多的方案是 Flannel 和 Calico。但从访问流程上看，Flannel 更具有代表性，所以本节对数据流的分析是基于 Flannel 展开的。

### 4.4.1　集群内应用负载间的数据访问流

在边缘计算系统云部分 Kubernetes 集群环境下，集群内数据访问流场景共包含 4 种：同一 Pod 内应用负载间的数据访问流；同一主机上不同 Pod 内应用负载间的数据访问流；Pod 所在主机与 Pod 内应用负载间的数据访问流；不同主机上的 Pod 内应用负载间的数据访问流。

#### 1. 同一 Pod 内应用负载间的数据访问流

同一 Pod 内应用负载间的数据访问流如图 4-10 所示。

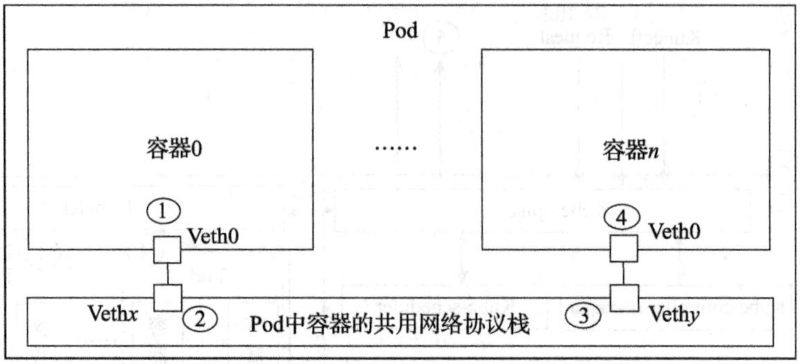


图 4-10　同一 Pod 内应用负载间的数据访问流

由图 4-10 可知，Pod 中的容器都有一个虚拟以太网设备 Veth0。该虚拟以太网设备的对端接入了 Pod 中的容器共用网络协议栈。容器 0 中虚拟以太网设备 Veth0 的对端为 Veth*x*，容器 *n* 中虚拟以太网设备 Veth0 的对端为 Veth*y*。同一 Pod 内应用负载间的数据访问流程具体如下。

1）容器 0 发起到容器 *n* 的访问请求，访问数据通过容器 0 中虚拟以太网设备 Veth0 发出。

2）容器 0 中虚拟以太网设备 Veth0 的对端 Veth*x* 通过 Pod 中的容器共用网络协议栈收到访问请求数据，并通过 Pod 中的容器共用网络协议栈将请求数据传输到容器 *n* 中虚拟以太网设备 Veth0 的对端 Veth*y*。

3）容器 *n* 的虚拟以太网设备 Veth0 的对端 Veth*y* 收到容器 0 的访问请求数据，并将访问请求数据发给容器 *n*。

4）容器 *n* 通过容器中的虚拟以太网设备 Veth0 收到容器 0 的访问请求数据。

接下来在目标 Pod 中的目标容器 0 就会对请求做出响应，并且沿着上述路径的相反路径返回。至此，同一 Pod 内应用负载间的数据访问流就结束了。

### 2. 同一主机上不同 Pod 内应用负载间的数据访问流

同一主机上不同 Pod 内应用负载间的数据访问流如图 4-11 所示。

由图 4-11 可知，同一主机不同 Pod 内应用负载间的数据访问流具体如下。

1）源 Pod 中的源容器 0 发起向目标 Pod 中目标容器 0 的访问请求，访问请求数据通过源容器 0 内的虚拟以太网设备 Veth0 发出。

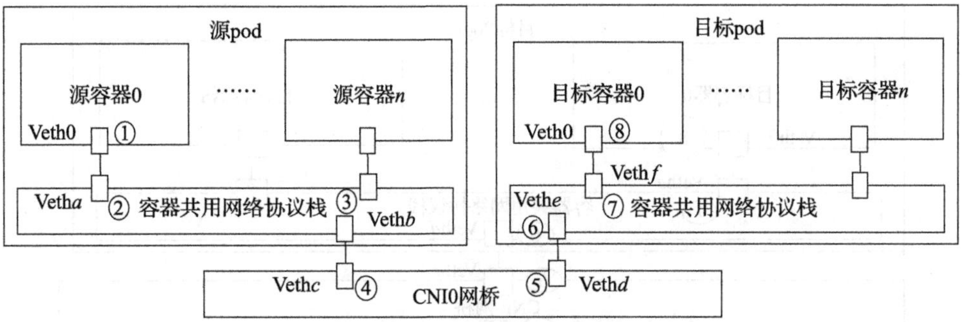


图 4-11　同一主机上不同 Pod 内应用负载间的数据访问流

2）源 Pod 中的源容器 0 中的虚拟以太网设备 Veth0 的对端 Veth*a* 收到访问请求数据，并通过容器共用网络协议栈传输。

3）容器共用网络协议栈中的虚拟以太网设备 Veth*b* 收到访问请求数据，并将访问请求数据发出。

4）CNI0 网桥上的虚拟以太网设备 Veth*c*，即虚拟以太网设备 Veth*b* 的对端收到访问请求数据，并通过 CNI0 网桥将访问请求数据发往目标 Pod 中的目标容器 0。

5）CNI0 网桥上的虚拟以太网设备 Veth*d* 收到访问请求数据，并将访问请求数据发出。

6）容器共用网络协议栈中的虚拟以太网设备 Veth*e*，即 CNI0 网桥的虚拟以太网设备 Veth*d* 的对端收到访问请求数据，并将访问请求数据发出。

7）容器共用网络协议栈中的 Veth*f*，即目标 Pod 中的目标容器 0 中的虚拟以太网设备 Veth0 的对端收到访问请求，并将访问请求数据发出。

8）目标 Pod 中的目标容器 0 中的虚拟以太网设备 Veth0 收到访问请求数据。

接下来在目标 Pod 中的目标容器 0 就会对请求做出响应，并且沿着上述路径的相反路径返回。至此，同一主机上不同 Pod 内应用负载间的数据访问流就结束了。

### 3. Pod 所在主机与 Pod 内应用负载间的数据访问流

Pod 所在主机与 Pod 内应用负载间的数据访问流如图 4-12 所示。

由图 4-12 可知，Pod 所在主机与 Pod 内应用负载间的数据访问流具体如下。

1）在目标 Pod 所在主机上对目标 Pod 的目标容器 0 发起访问。

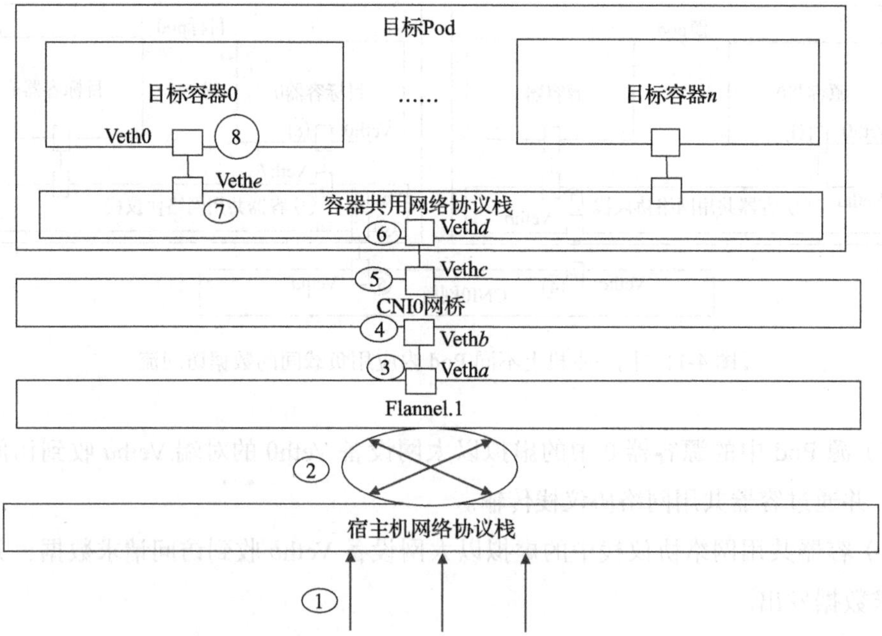


图 4-12　Pod 所在主机与 Pod 内应用负载间的数据访问流

2）在宿主机网络协议栈中查找去往目标 Pod 中的目标容器 0 的路由，如果找到就根据路由将请求数据发往下一跳。

3）请求数据进入虚拟网桥 Flannel.1，并将请求数据通过虚拟网桥 Flannel.1 中的虚拟以太网设备 Veth*a* 发出。

4）CNI0 网桥中的虚拟以太网设备 Veth*b*，即虚拟网桥 Flannel.1 的虚拟以太网设备 Veth*a* 的对端收到请求数据，并将请求数据发出。

5）CNI0 网桥中的虚拟以太网设备 Veth*c* 收到请求数据，并将请求数据发出。

6）容器共用网络协议栈中的虚拟以太网设备 Veth*d*，即虚拟网桥 CNI0 网桥中的虚拟以太网设备 Veth*c* 的对端收到请求数据，并将请求数据发出。

7）容器共用网络协议栈中的虚拟以太网设备 Veth*e* 收到请求数据，并将请求数据发出。

8）目标容器 0 中的虚拟以太网设备 Veth0 收到请求数据。

接下来目标容器 0 就会对请求做出响应，并且沿着上述路径的相反路径返回。至此，Pod 所在主机与 Pod 内应用负载间的数据访问流就结束了。

### 4. 不同主机上 Pod 内应用负载间的数据访问流

不同主机上的 Pod 内应用负载间的数据访问流如图 4-13 所示。

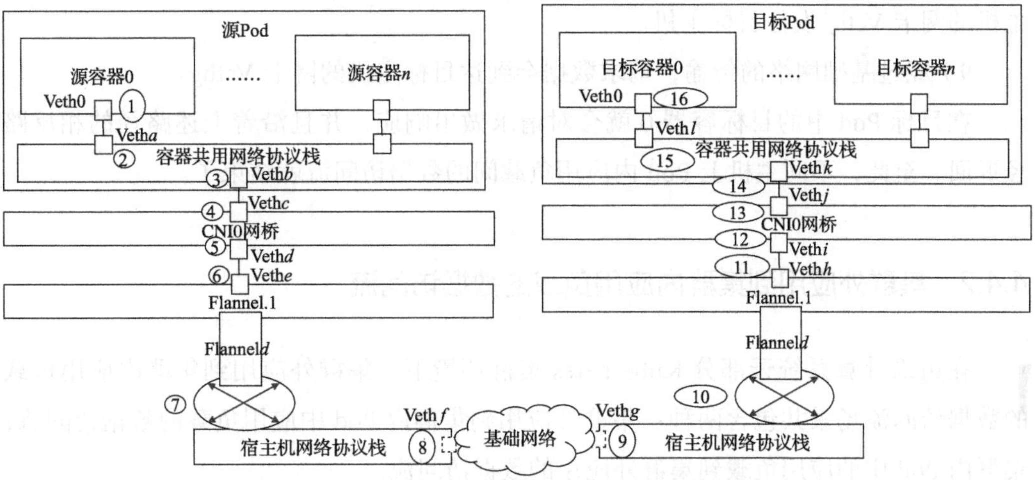


图 4-13　不同主机上的 Pod 内应用负载间的数据访问流

由图 4-13 可知，不同主机上 Pod 内应用负载间的数据访问流具体如下。

1）源 Pod 中的源容器 0 发起向目标 Pod 中的目标容器 0 的访问请求，访问请求数据通过源容器 0 中的虚拟以太网设备 Veth0 发出。

2）源 Pod 中的源容器 0 中的虚拟以太网设备 Veth0 对端 Veth*a* 收到访问请求数据，并通过容器共用网络协议栈传输。

3）容器共用网络协议栈中的虚拟以太网设备 Veth*b* 收到访问请求数据，并将访问请求数据发出。

4）CNI0 网桥中的虚拟以太网设备 Veth*c*，即虚拟以太网设备 Veth*b* 的对端收到访问请求数据，并通过 CNI0 网桥将访问请求数据发往目标 Pod 中的目标容器 0。

5）CNI0 网桥中的虚拟以太网设备 Veth*d* 收到访问请求数据，并将访问请求数据发出。

6）当访问请求数据进入虚拟网桥 Flannel.1 后，虚拟网桥 Flannel.1 中的虚拟以太网设备 Veth*e*，即 CNI0 网桥中的虚拟以太网设备 Veth*d* 的对端接收到请求数据，并将请求数据发出。

7）虚拟网桥 Flannel.1 发出的请求数据被 Flanneld 进程拦截，然后 Flanneld 进程根据请求数据包头的目的地址在宿主机网络协议栈中查找相关路由。

8）因为该请求是跨主机的，Flanneld 进程查找到相关路由，并将请求数据从本主机的网卡 Vethf 发往目标主机。

9）经过基础网络的传输，请求数据会到达目标主机的网卡 Vethg。

在目标 Pod 中的目标容器 0 就会对请求做出响应，并且沿着上述路径的相反路径返回。至此，不同主机上 Pod 内应用负载间的数据访问流就结束了。

## 4.4.2 集群外应用到集群内应用负载的数据访问流

在边缘计算系统云部分 Kubernetes 集群环境下，集群外应用到集群内应用负载的数据访问流场景共包含两种：集群外应用到集群内 Pod 中应用负载的数据访问流；集群内 Pod 中的应用负载到集群外应用的数据访问流。

### 1. 集群外应用到集群内 Pod 中应用负载的数据访问流

集群外应用到集群内 Pod 中应用负载的数据访问流如图 4-14 所示。

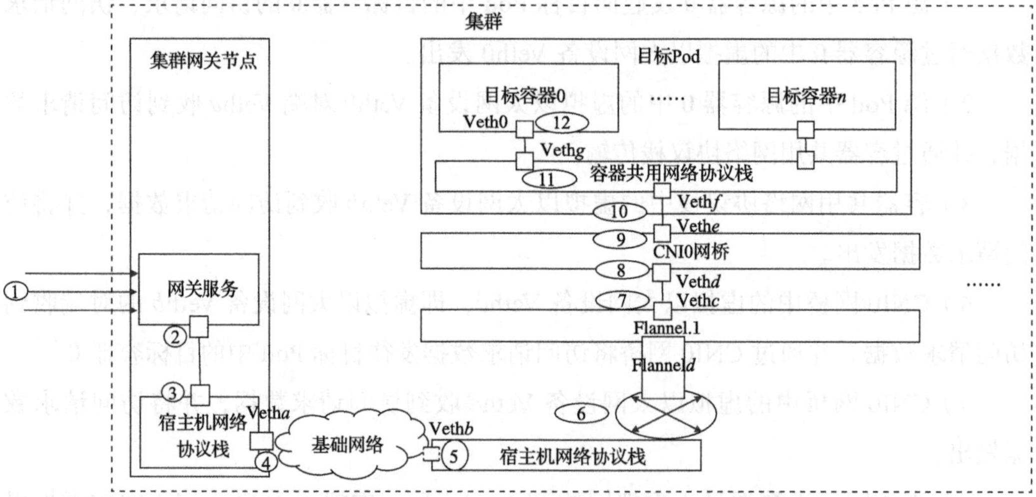


图 4-14 集群外应用到集群内 Pod 中应用负载的数据访问流

由图 4-14 可知，集群外应用到集群内 Pod 中应用负载的数据访问流具体如下。

1）集群外的应用对目标 Pod 中的目标容器 0 发起访问。

2）访问请求数据被网关服务拦截。

3）网关服务根据请求数据包的目的地址在宿主机网络协议栈中查找相关路由。

4）网关服务查询的路由结果从集群网关节点发往集群中的目标 Pod 所在主机，并将请求数据从集群网关节点的虚拟以太网设备 Veth*a* 发出。

5）从集群网关节点发出的请求数据经过基础网络以及目标 Pod 所在主机的虚拟以太网设备 Veth*b* 到达目标 Pod 所在主机的网络协议栈。

6）根据请求数据包的目的地址，在目标 Pod 所在主机的网络协议栈中查找相关路由，并根据路由将请求数据包发送给 Flannel 进程，然后 Flannel 进程对请求数据包处理，并将处理后的请求数据包发往虚拟网桥 Flannel.1。

7）虚拟网桥 Flannel.1 在收到请求数据之后，通过虚拟以太网设备 Veth*c* 将请求数据发出。

8）CNI0 网桥中的虚拟以太网设备 Veth*d*，即虚拟网桥 Flannel.1 的虚拟以太网设备 Veth*c* 的对端收到请求数据，并将请求数据发出。

9）CNI0 网桥中的虚拟以太网设备 Veth*e* 收到请求数据，并将请求数据发出。

10）容器共用网络协议栈中的虚拟以太网设备 Veth*f*，即虚拟网桥 CNI0 网桥中虚拟以太网设备 Veth*e* 的对端收到请求数据，并将请求数据发出。

11）容器共用网络协议栈中的虚拟以太网设备 Veth*g* 收到请求数据，并将请求数据发出。

12）目标容器 0 中的虚拟以太网设备 Veth0 收到请求数据。

接下来，目标容器 0 就会对请求做出响应，并且沿着上述路径的相反路径返回。至此，集群外应用到集群内 Pod 中应用负载的数据访问流就结束了。

### 2. 集群内 Pod 中的应用负载到集群外应用的数据访问流

关于集群内 Pod 中的应用负载到集群外应用的数据访问流，读者可以参考集群外应用到集群内 Pod 中应用负载的数据访问流，即将集群外应用到集群内 Pod 中应用负载的数据访问流反转过来即可。

# 4.5 资源调度

本节的资源调度是在边缘计算系统云部分 Kubernetes 集群环境中完成的，主要介绍 Kubernetes 中资源调度的流程和资源调度过程中的算法。关于资源调度流程，本节主要对资源调度请求的发起、开始调度和调度的具体流程进行系统梳理和详细说明。关于资源调度过程中的算法和调度策略，本节主要对目前 Kubernetes 调度过程中用到的算法和策略进行系统梳理和说明。

## 4.5.1 资源调度流程

资源创建流程如图 4-15 所示。

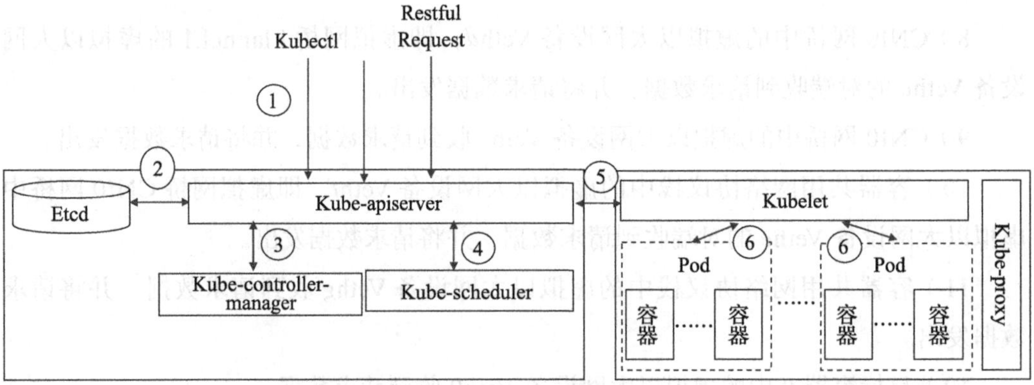


图 4-15 资源创建流程

由图 4-15 可知，资源调度流程是从资源创建流程的④开始的，即 Kube-scheduler 在需要创建的资源队列中监听到相应的资源时，会调用可用的调度算法和调度策略对可用的节点进行过滤和打分，最后选出可用的最优节点与需要创建的资源进行绑定，并调用 Kube-apiserver 的相应接口将调度结果写进 Etcd 指定的路径。

当 Kube-scheduler 监听到资源队列中有需要调度的资源时，会进行图 4-16 所示的调度。

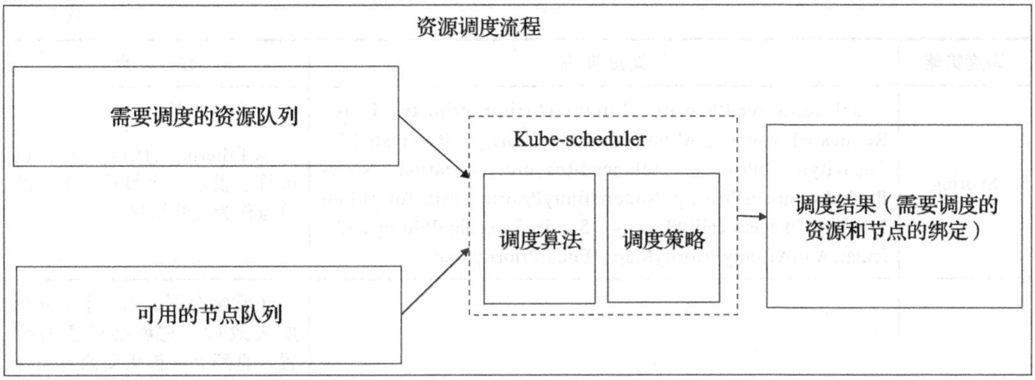


图 4-16　资源调度流程

> **注意**　在云、边、端边缘计算系统中，调度策略和调度算法都是以插件的形式实现的，这样的机制允许我们灵活地利用合适的调度算法开发合适的调度器。

## 4.5.2　资源调度算法和调度策略

在边缘计算系统的云部分 Kubernetes 中，资源调度最终是在具体的调度策略下通过特定调度器完成的。

1）调度策略：组织调度算法的方式，比如资源调度过程中的 Filtering 和 Scoring 就是调度策略。

2）调度算法：在 Kubernetes 中，调度算法由调度器实现。调度器的任务是为新创建的 Pod 寻找一个最合适的节点。

表 4-1 对 Kubernetes 中常用的调度策略和调度算法进行了系统梳理和说明。

表 4-1　Kubernetes 中常用的调度策略和调度算法

| 调度策略 | 调度算法 | 作　用 |
| --- | --- | --- |
| Filtering | podFitsHostPorts、podFitsHost、podFitsResources、podMatchNodeSelector、NoVolumeZoneConflict、NoDiskConflict、MaxCSIVolumeCount、CheckNodeMemoryPressure、CheckNodePIDPressure、CheckNodeDiskPressure、CheckNodeCondition、podToleratesNodeTaints、CheckVolumeBinding | 从集群所有的节点中，根据调度算法挑选出所有可以运行该 Pod 的节点 |

（续）

| 调度策略 | 调度算法 | 作　用 |
| --- | --- | --- |
| Scoring | SelectorSpreadPriority、InterpodAffinityPriority、LeastRequestedPriority、MostRequestedPriority、RequestedToCapacityRatioPriority、BalancedResourceAllocation、NodePreferAvoidpodsPriority、NodeAffinityPriority、TaintTolerationPriority、ImageLocalityPriority、ServiceSpreadingPriority、CalculateAntiAffinityPriorityMap、EqualPriorityMap | 从 Filtering 的结果中根据调度算法挑选一个最符合条件的节点作为最终结果 |
| Priority&&Preemption | podDisruptionBudget | 正常情况下，当一个 Pod 调度失败后，它就会被暂时搁置，直到 Pod 被更新或者集群状态发生变化，才会被调度器重新调度。但有时候，用户希望高优先级的 Pod 调度失败后，并不会被搁置，而是会挤走某个节点上的一些低优先级 Pod。Priority&&Preemption 就是用来满足这些场景需求的 |

## 4.6 资源编排

资源编排是指边缘计算系统云部分 Kubernetes 的计算节点在获得资源调度结果之后，计算节点对调度结果（负载）所需的存储资源、网络资源、计算资源的组织管理。

1）存储资源：创建负载所需的持久存储和临时存储。

2）网络资源：首先创建负载共享的 Linux 网络协议栈，并打通容器与宿主机的网络，然后创建负载中容器所需的网络设备并接入负载共享的 Linux 网络协议栈。

3）计算资源：负载所需的计算资源，目前主要是 CPU 和内存。

由图 4-17 可知，资源编排流程是从资源创建流程的⑤开始的。当 Kubelet 监听到 Etcd 指定路径下有新的调度结果时，即需要创建的资源与节点的绑定信息，会根据该信息在绑定节点上创建相应的资源。

资源编排流程如图 4-18 所示。

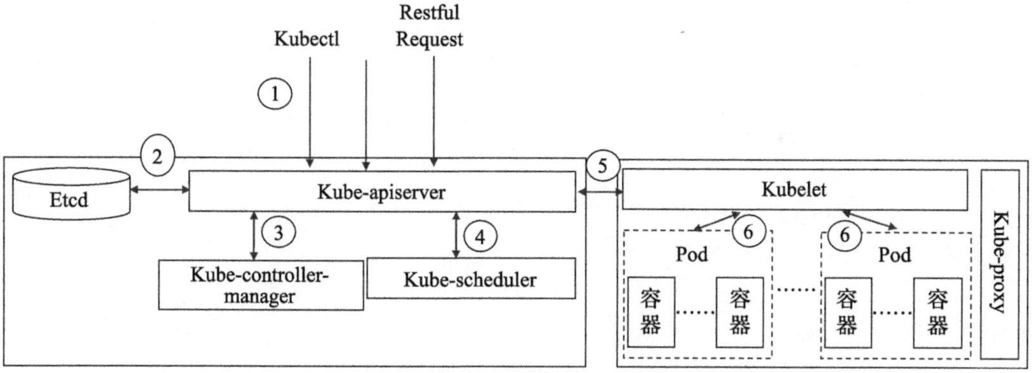


图 4-17　资源编排阶段的资源创建流程

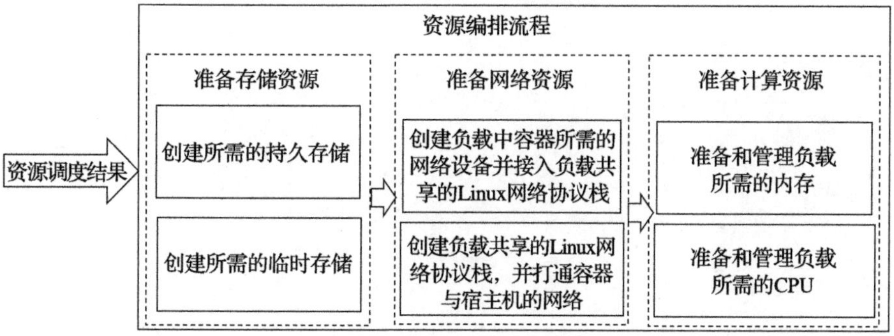


图 4-18　资源编排流程

## 4.7　本章小结

本章从控制流、数据流、资源调度和资源编排 4 个维度对边缘计算系统云部分 Kubernetes 的原理进行了解析，梳理了 Kubernetes 的总体架构和逻辑架构。下一章将对边缘计算系统的边部分 KubeEdge 的原理进行解析。

第 5 章 Chapter 5

# 边缘部分原理解析

通过对前面章节的学习，我们对整个边缘计算系统的逻辑架构及云、边、端之间的逻辑关系也有了系统的了解。本章将对边缘计算系统的边部分 KubeEdge 的原理进行解析，从 KubeEdge 的整体架构切入，依次对 KubeEdge 中与云交互的组件、管理边缘负载的组件、与终端设备交互的组件、云边协同原理、边缘存储、设备管理模型、边缘网络和边缘节点管理的原理进行梳理和解析。

## 5.1 KubeEdge 的整体架构

边部分 KubeEdge 的整体架构如图 5-1 所示。

由图 5-1 可知，KubeEdge 整体架构包括与云交互的组件、管理边缘负载的组件和与终端设备交互的组件三部分。

1）与云交互的组件：在 KubeEdge 中，CloudCore 是与云交互的组件，负责将云部分的指令下发到边缘，同时负责接收边缘上报到云端的事件。

2）管理边缘负载的组件：在 KubeEdge 中，EdgeCore 是管理边缘负载的组件，负责接收、执行云端下发的指令，即管理边缘负载的整个生命周期，同时将边缘的状态以事件的形式上报到云端。

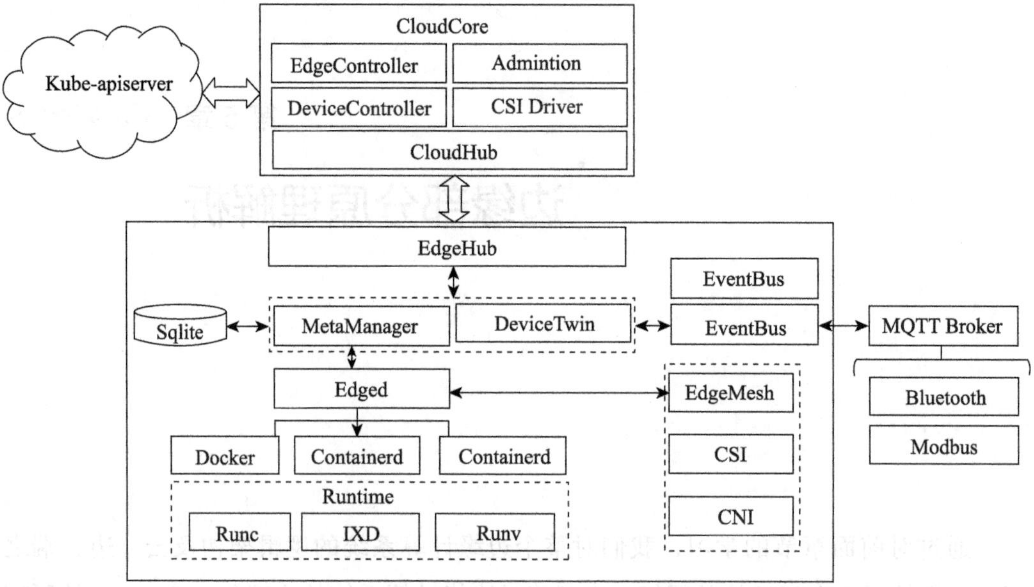


图 5-1　边部分 KubeEdge 整体架构

3）与终端设备交互的组件：在 KubeEdge 中，Mapper 是与终端设备交互的组件，是针对支持不同协议的设备开发的插件。一个 Mapper 负责与支持指定协议的设备进行交互，即采集支持指定协议的设备上的数据并上报到边缘，同时将边缘下发的指令在支持指定协议的设备上执行。

除了上述三部分，贯穿 KubeEdge 整体架构的还包括云边协同、存储管理、网络管理、设备管理和集群管理。

## 5.2　与云交互的组件

CloudCore 是一个单独的可执行组件，具体架构如图 5-2 所示。

由图 5-2 可知，CloudCore 通过 List/Watch 的方式与云交互，将监听到的事件下发到边缘，同时负责接收边缘以事件的形式上报的状态数据。这些功能是由

CloudCore 中的不同模块完成的，包括 EdgeController、DeviceController、Admintion WebHook 和 CSI Driver。

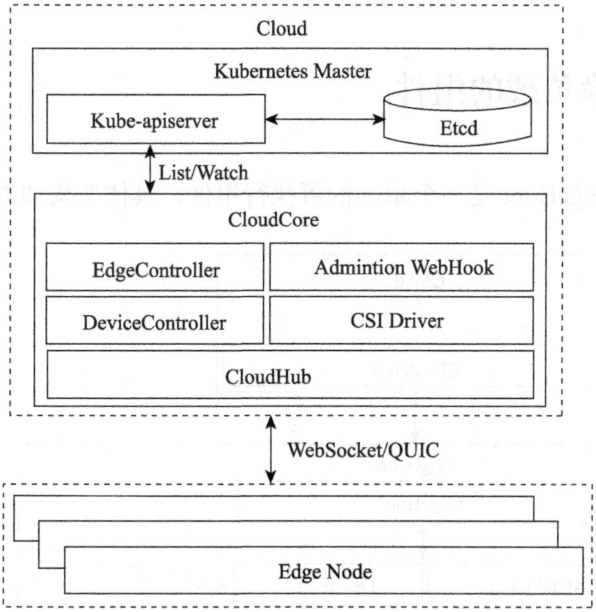


图 5-2　CloudCore 架构

1）EdgeController：负责将与边缘相关的 Pod、ConfigMap、Secret、Service 和 Endpoint 等资源的增、删、改、查事件从云上下发到边缘，同时接收边缘上报的 NodeStatus、PodStatus 等事件。

2）DeviceController：负责将与边缘相关的 DeviceInstance、DeviceTwin 和 Desired 等资源的增、删、改、查事件从云上下发到边缘，同时接收边缘上报的 DeviceStatus、DeviceTwin 和 Reported 等事件。

3）Admintion WebHook：负责对从云上下发到边缘的相关资源对象和对相关资源对象的访问权限进行校验。

4）CSI Driver：负责将与边缘相关的 PV（Persistent Volume）、PVC（Persistent Volume Claim）和 StorageClass 等相关资源的增、删、改、查事件从云上下发到边缘。

除上述功能模块之外，CloudCore 组件还有一个功能模块 CloudHub。该功能模块是云与边缘交互的门户。以上功能模块相关的资源事件的下发和状态事件的上报都需要通过 CloudHub。

## 5.3 管理边缘负载的组件

在形式上，EdgeCore 是一个单独的可执行组件，具体架构如图 5-3 所示。

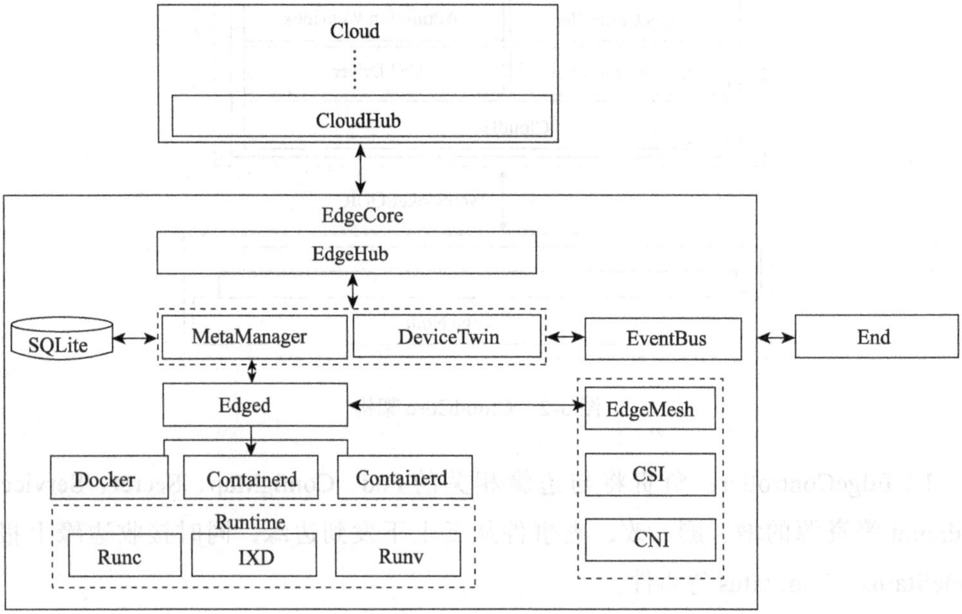


图 5-3　EdgeCore 架构

由图 5-3 可知，EdgeCore 包含的功能模块比较多，包括 EdgeHub、MetaManager、DeviceTwin、EventBus、Edged、EdgeMesh、CSI 和 CNI。接下来逐个对其进行解析。

1）EdgeHub：KubeEdge 边缘部分组件与云部分组件交互的门户，负责接收从云上下发到边缘的资源操作数据，并传送给边缘组件的其他功能模块。

2）MetaManager：负责从 EdgeHub 接收 Pod、ConfigMap、Secret、Service 和 Endpoint 等资源的增、删、改、查信息。首先将这些信息写入 SQLite，然后将这些信息传送给 Edged，同时接收 Edged 上报的 NodeStatus、PodStatus 等事件，并将这

些信息写入 SQLite，最后将这些信息传送给 EdgeHub。

3）DeviceTwin：负责从 EdgeHub 接收 DeviceInstance、DeviceTwin 和 Desired 等资源的增、删、改、查信息。首先将这些信息写入 SQLite，然后将这些信息传送给 EventBus，同时接收 EventBus 上报的 DeviceStatus、DeviceTwin 和 Reported 等事件，并将这些信息写入 SQLite，最后将这些信息传送给 EdgeHub。

4）EventBus：KubeEdge 边缘部分与端部分交互的门户，通过订阅 MQTT 消息的方式将采集到的终端设备的数据上报给 DeviceTwin；同时通过发布 MQTT 消息的方式将从 DeviceTwin 接收的相关指令下发到终端设备。

5）Edged：负责从 MetaManager 中接收 Pod、ConfigMap、Secret、Service 和 Endpoint 等资源的增、删、改、查信息，并根据事件信息进行相应操作；负责边缘节点上应用负载的整个生命周期，同时将边缘节点上的 NodeStatus、PodStatus 等状态数据上报给 MetaManager。

6）EdgeMesh：KubeEdge 边缘部分网络解决方案的实现，负责在同一节点上 Pod 间的通信和在不同节点上 Pod 间的通信。

7）CSI：负责从云上下发到边缘的 PV、PVC 和 StorageClass 等相关资源的增、删、改、查。

8）CNI：负责从云上下发到边缘的网络相关资源的增、删、改、查。

## 5.4　与终端设备交互的组件

在 KubeEdge 中，Mapper 具体架构如图 5-4 所示。

由图 5-4 可知，从与 KubeEdge 边部分 EdgeCore 对接的协议划分，终端设备可以分为通过 MQTT 协议进行对接的终端设备和通过 HTTP 进行对接的终端设备。

1）通过 MQTT 协议进行对接的终端设备：该方式是目前 KubeEdge 推荐的方式。通过该方式对接的终端设备，需要针对支持的协议开发相应的 Mapper。Mapper 负责将支持不同协议的设备的数据转换成 MQTT 协议支持的格式，并负责将 MQTT 协议格式的数据转换成指定的协议格式。Mapper 与 EdgeCore 的 EventBus 进行交互时，需要将 MQTT Broker 作为中间通道。在该方式下，KubeEdge 目前只提供了支持 Bluetooth 和 Modbus 的 Mapper。

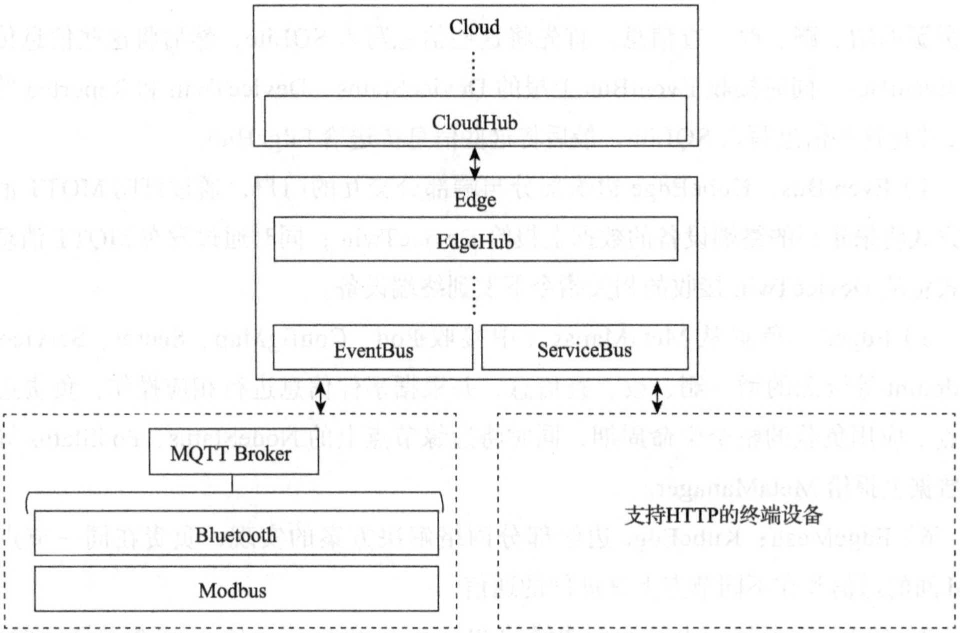


图 5-4　Mapper 架构

2）通过 HTTP 进行对接的终端设备：该方式用来对接直接支持 HTTP 的终端设备，也可以针对支持不同协议的设备开发相应的 Mapper。Mapper 负责将支持不同协议的设备的数据转换成 HTTP 支持的格式，并负责将 HTTP 格式的数据转换成指定的协议格式。目前，该方式只通过 EdgeCore 的 ServiceBus 开放一个对接的入口，还没有相关对接实现和落地案例。

## 5.5　云、边协同

云、边协同机制是边缘计算系统中边部分解决方案 KubeEdge 的关键。有了该机制，KubeEdge 便可以适应边缘恶劣的网络环境，即在边缘节点与云失去联系时，边缘节点也可以独立工作，不影响边缘已有负载的正常运行。KubeEdge 中的云、边协同架构如图 5-5 所示。

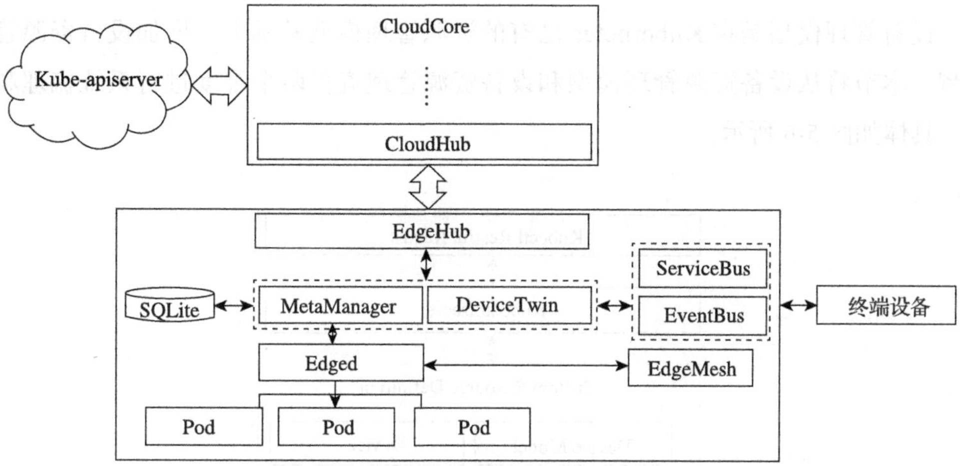


图 5-5　KubeEdge 中的云、边协同架构

由图 5-5 可知，云、边协同涉及 KubeEdge 的云、边、端三部分，但主要工作由 KubeEdge 的 EdgeCore 组件来完成。云、边协同是由 EdgeCore 中的 MetaManager、DeviceTwin 和 EdgeMesh 三个功能模块共同完成的。各模块的具体功能和达到的效果如下。

1）MetaManager：负责将从云接收到的 Pod、ConfigMap、Secret、Service 和 Endpoint 等资源的增、删、改、查信息写入 SQLite。当边缘节点和云之间的网络断开时，Edged 在需要相关资源数据时，可以通过 MetaManager 从 SQLite 中读取，从而保障边缘节点上原有应用负载的正常运行。

2）DeviceTwin：负责将从云接收到的 DeviceInstance、DeviceTwin 和 Desired 等资源的增、删、改、查信息写入 SQLite。在边缘节点和云之间的网络断开时，EventBus 可以通过 DeviceTwin 从 SQLite 中读取，从而保障终端设备的正常运行。

3）EdgeMesh：将从云上下发到边缘的 Service 资源数据由 DNS 记录在边缘节点。在边缘节点和云之间的网络断开时，运行在边缘节点的负载也可以通过访问域名实现同一节点上 Pod 间的通信和不同节点上 Pod 间的通信，从而保障边缘节点上原有应用负载的正常运行。

## 5.6 设备管理模型

设备管理模型是在 Kubernetes 已有的资源管理模型基础上，增加设备资源管理模型。本节将从设备资源管理模型和设备资源管理流程两个维度进行系统梳理和分析，具体如图 5-6 所示。

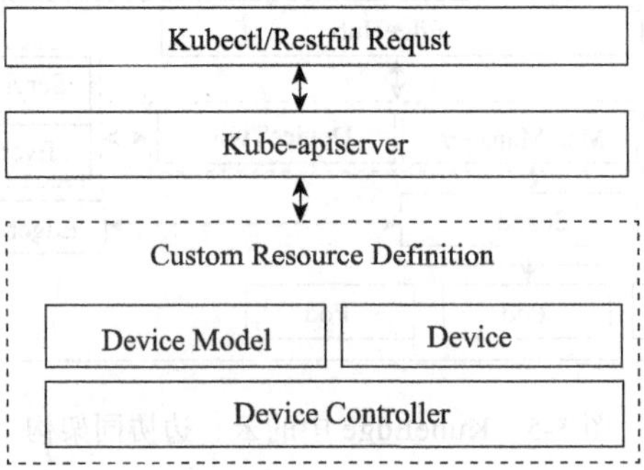


图 5-6 设备资源管理模型

由图 5-6 可知，KubeEdge 要实现对设备资源的管理，需要通过 Kubernetes 的客户资源定义（Custom Resource Definiton，CRD）添加与设备相关的客户资源定义，包括 Device Model 和 Device，并添加管理相应的控制器，包括 Device Controller。它们的具体功能如下。

1）Device Model：设备模板的抽象，定义了设备的一些通用属性，包括设备元数据、各项元数据的要求、设备规格、各项设备规格的要求。

2）Device：设备实例的定义，包含设备实例各项元数据的具体值和各项设备规格的具体值。

3）Device Controller：在云上监听与设备相关的 DeviceInstance、DeviceTwin 和 Desired 等资源的增、删、改、查信息，并将其从云上下发到边缘，负责接收从边缘上报到云的与设备相关的 DeviceStatus、DeviceTwin 和 Reported 等事件，并对其进行相应处理。

由图 5-7 可知，在 KubeEdge 中对设备资源的管理横跨云、边、端三部分。在整个设备资源的管理流程中，云、边、端三部分所做的具体工作如下。

1）在云上首先创建设备相关的资源，即 Device Model 和 Device，这样终端设备才能够正常注册，在云上才能够对已经注册的设备进行正常的管理。

2）在云上的工作就绪时，边缘的 DeviceTwin 功能模块会将从云上下发到边缘的设备资源定义进行本地化存储，同时将终端上报的设备状态在边缘进行本地化存储。这样在云与边缘断网时，终端设备也可以正常工作。

3）在云和边缘上的工作就绪时，终端设备就可以进行正常的注册，接收云对终端设备下发的管理指令，并将终端设备的状态数据上报。

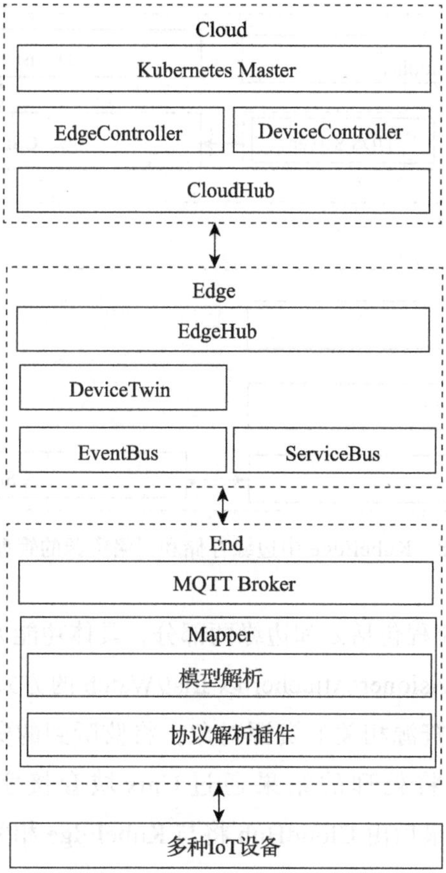


图 5-7　设备资源管理流程

## 5.7 边缘存储和网络资源

本节将对 KubeEdge 中存储、网络的使用和管理流程进行梳理和分析。由于目前在 KubeEdge 中与网络相关的资源是随着存储一起下发的，因此所要梳理的网络资源和存储的管理流程其实是 KubeEdge 中存储的管理流程，如图 5-8 所示。

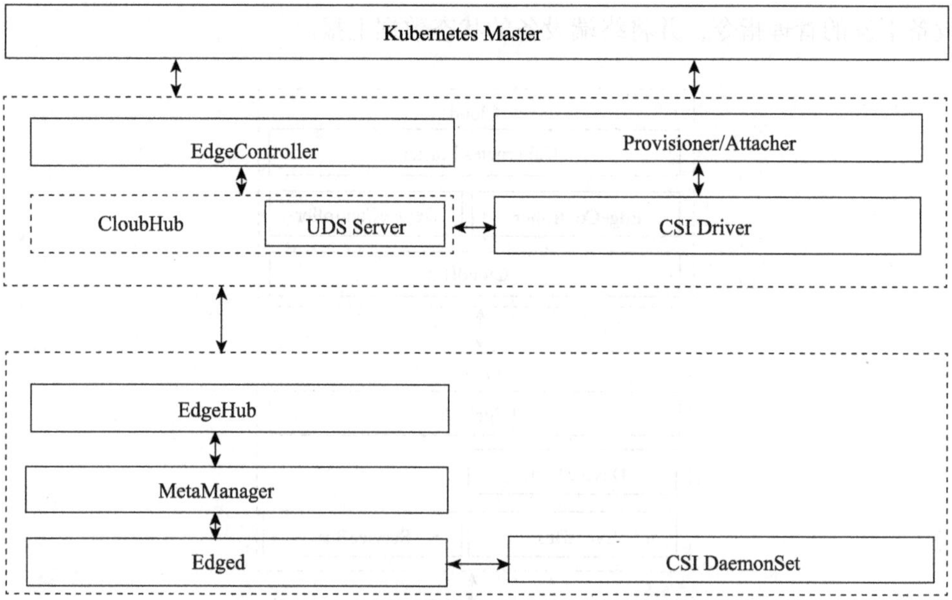


图 5-8　KubeEdge 中边缘存储和网络资源的管理流程

由图 5-8 可知，该流程包括云和边缘两部分，具体功能如下。

1）在云部分，Provisioner/Attacher 以 List/Watch 的方式监听 Kubernetes Master 中与边缘存储和网络的资源相关的资源对象，将监听到的资源对象交由 CSI Driver 处理，然后 CSI Driver 将处理的结果通过 Unix 域套接字（Unix Domain Socket，UDS）传给 CloudHub，最后由 CloudHub 将与 KubeEdge 相关的存储和网络资源从云上下发到边缘。

2）在边缘部分，MetaManager 从 EdgeHub 中取出与边缘存储和网络相关的资源，首先由 MetaManager 将这些资源对象在边缘做本地化存储，然后将这些资源对象传给 Edged，最后由 Edged 以 DaemonSet 的形式将这些资源管理起来。

## 5.8 边缘节点管理

本节将梳理和分析 KubeEdge 中对边缘节点的管理。对边缘节点的管理有如下 3 种形式。

1）以节点的形式管理边缘计算资源：在云上部署整个系统的控制面，计算资源在边缘都以节点的形式来管理。

2）以独立集群的形式管理边缘计算资源：在边缘通过部署独立的 Kubernetes 集群的方式对边缘的计算资源进行管理。

3）以多集群的形式管理边缘计算资源：在边缘通过部署多个集群的方式对边缘的计算资源进行管理，即在云上有一个统一控制平面对边缘的多个集群进行管理。

### 5.8.1 以节点的形式管理边缘计算资源

以节点的形式管理边缘计算资源如图 5-9 所示。

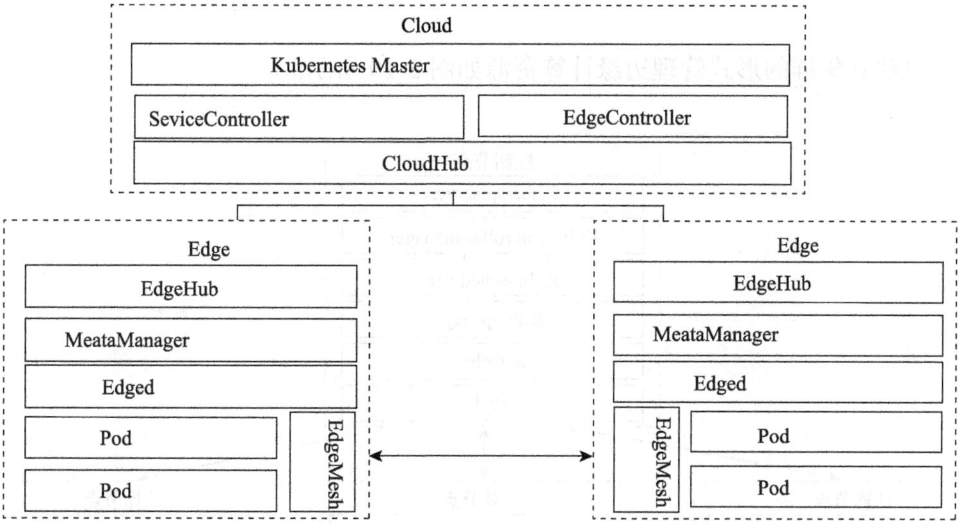


图 5-9　以节点的形式管理边缘计算资源

在该方式下，我们需要注意如下三点。

1）云、边协同：因为在边缘上网络质量不可控，会经常出现云与边缘断网的情况。在这种情况下，我们要保证已经在边缘节点上运行的相关应用负载也能正常运行。

2）适应边缘的网络模型：由于存在云与边缘经常断网的情况，应用负载在边缘的相互访问应该与在云上有所区别。目前，应用负载在云上相互访问是以域名的形式进行的。域名解析是通过运行在云上的 DNS 服务器完成的。这种机制应用到边缘显然不合适。具体的边缘网络模型，读者可以参考 KubeEdge 官网的 EdgeMesh 部分。

3）适应边缘的网关：目前，云计算集群的网关是通过一个总的集群入口来实现的。由于云和边缘距离较远，而且存在云与边缘经常断网的情况，将这种网关机制应用到边缘显然也不合适，需要设计专门面向边缘的网关模型。目前，官方还没有提供该方面相关内容。

上述以节点的形式管理边缘计算资源的方案是 KubeEdge 官方已经实现的方案，也是官方的推荐方案。

## 5.8.2 以独立集群的形式管理边缘计算资源

以独立集群的形式管理边缘计算资源如图 5-10 所示。

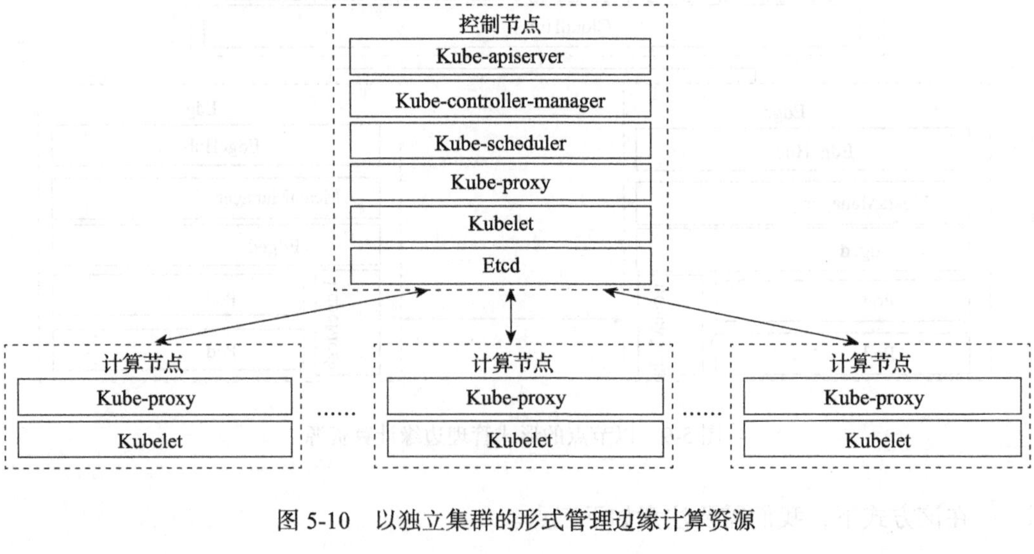


图 5-10 以独立集群的形式管理边缘计算资源

在该方式下，我们需要注意以下两点。

1）边缘的资源：在边缘上普遍存在计算资源受限的情况，当计算资源低于某个值时，会出现集群无缘无故挂掉的情况。

2）边缘设备的 CPU 架构：在边缘上，设备的 CPU 架构以 ARM（ARM32/64）为主，而不是以云数据中心流行的 X86 为主，所以在准备相关可执行文件时，要根据设备的 CPU 架构下载相应的版本。

### 5.8.3　以多集群的形式管理边缘计算资源

以多集群的形式管理边缘计算资源如图 5-11 所示。

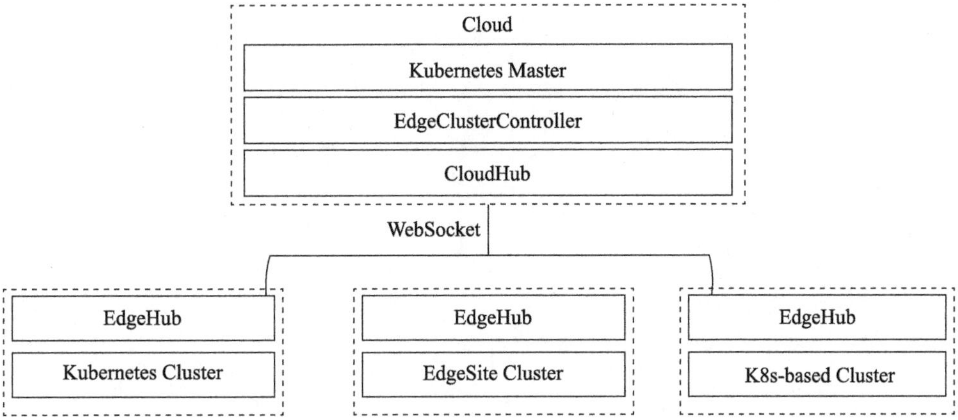


图 5-11　以多集群的形式管理边缘计算资源

在该方式下，我们需要注意以下两点。

1）状态数据的同步：当以部署多种集群的方式对边缘的计算资源进行管理时，边缘集群存在数量多、分散的特点，云上的控制平面如何统一管理这些数量巨大、分散的集群，这些集群之间的状态数据如何同步是在该方式下需要首先解决的问题。

2）边缘多集群网络模型：在以多集群的形式管理边缘计算资源时，单个集群的网络如何管理、集群间的网络如何管理，这也是在该方式下需要解决的问题。

## 5.9 本章小结

本章以 KubeEdge 的整体架构为线索，分别对 KubeEdge 与云交互的组件、管理边缘负载组件、与终端设备交互的组件、云边协同原理、设备管理模型、边缘存储和网络管理的原理进行梳理和解析。下一章将对边缘计算系统的端部分 EdgeX Foundry 的原理进行解析。

第6章 Chapter 6

# 端部分原理解析

本章将对边缘计算系统的端部分 EdgeX Foundry 的原理进行解析，从 EdgeX Foundry 的整体架构切入，依次对 EdgeX Foundry 的设备服务层、核心服务层、支持服务层、导出服务层、安全组件和系统管理的原理进行梳理和解析。

## 6.1 整体架构

由图 6-1 可知，边缘计算系统的端解决方案 EdgeX Foundry 整体架构包括设备服务层、核心服务层、支持服务层、导出服务层、安全组件和系统管理组件 6 部分。

1）设备服务层：负责与支持特定协议的设备交互，采集设备的数据，并下发指令控制设备。

2）核心服务层：负责接收设备服务层上报的设备数据，通过向设备服务层下发指令控制设备，管理注册到 EdgeX Foundry 中的设备及其元数据，在 EdgeX Foundry 中的微服务之间提供相关配置信息。

3）支持服务层：负责提供 EdgeX Foundry 中的微服务都需要的规则引擎、调度、报警与通知和日志等通用功能。

4）导出服务层：负责将 EdgeX Foundry 采集的相关设备数据导出并进行存储。

5）安全组件：负责保护 EdgeX Foundry 中采集到的数据以及 EdgeX Foundry 所管理的设备、传感器和其他物联网设备等。

6）管理组件：负责启动、停止和重启 EdgeX Foundry 中的微服务，监控微服务的操作和性能，获得 EdgeX Foundry 中微服务的配置。

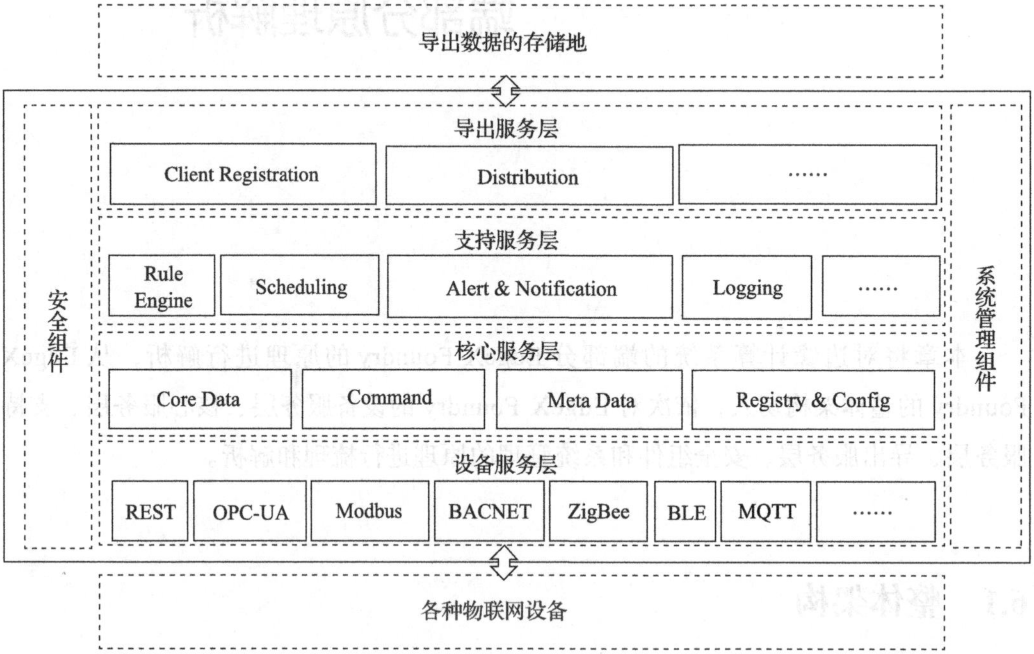


图 6-1 端解决方案 EdgeX Foundry 整体架构

## 6.2 设备服务层

设备服务层负责与支持特定协议的设备交互，采集相关设备数据，并将采集到的设备数据进行上报，同时通过给设备下发指令来控制设备。目前，官方对支持主流协议的设备都有相应的支持。该层包括的微服务有 REST、OPC-UA、Modbus、BACNET、ZigBee、BLE、MQTT 等，其中 REST 负责与支持 REST 协议的设备进行交互，采集设备数据，并将采集到的设备数据上报，同时通过下发相应指令控制设备。MQTT 负责与支持 MQTT 协议的设备进行交互，采集设备数据，并将采集到的设备数据上报，同时通过下发相应指令控制设备。

该层的其他微服务与上述分析的 REST 和 MQTT 这两个微服务的功能和交互流程大同小异。接下来分析设备服务层中各微服务之间的逻辑关系。设备服务层中各微服务的逻辑架构如图 6-2 所示。

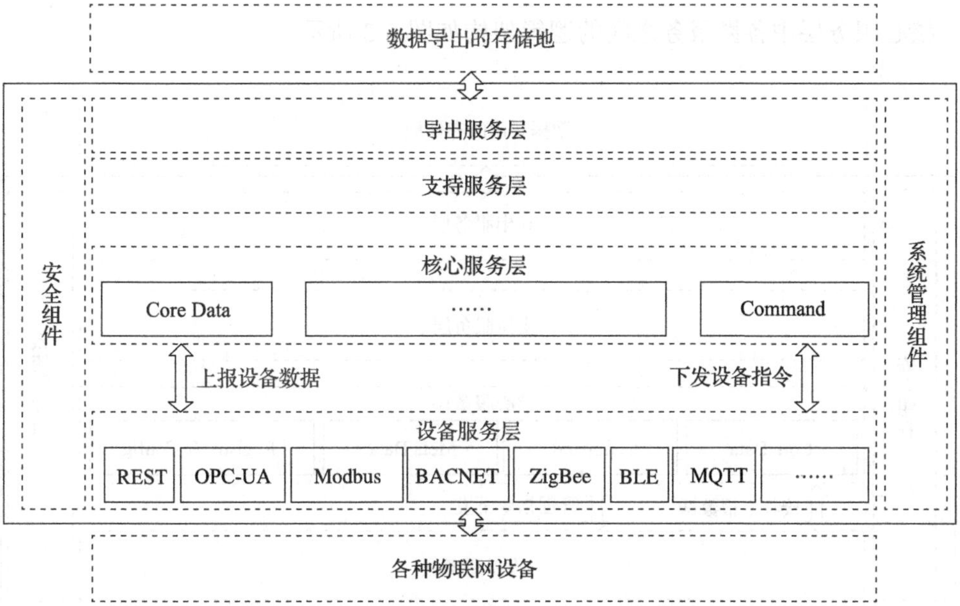


图 6-2　设备服务层中各微服务的逻辑架构

由图 6-2 可知，设备服务层中各微服务之间相互独立，向下与各种物联网设备，向上与核心服务层交互密切，具体交互如下。

1）在设备服务层中，各微服务之间是相互独立的，因为在该层中每个微服务对应一种协议，即与支持特定协议的设备交互。

2）在设备服务层中，每个微服务对应一种物联网设备，负责采集设备的数据和控制设备。

3）设备服务层与核心服务层的交互主要通过核心服务层中的 Core Data 和 Command。设备服务层中的各微服务将采集的设备数据上报给核心服务层的 Core

Data，由 Core Data 做后续处理。EdgeX Foundry 中的微服务对各种物联网设备控制时的指令，需要通过核心服务层中 Command 的管理和控制，才能最终到达物联网设备。

## 6.3 核心服务层

核心服务层中各微服务之间的逻辑架构如图 6-3 所示。

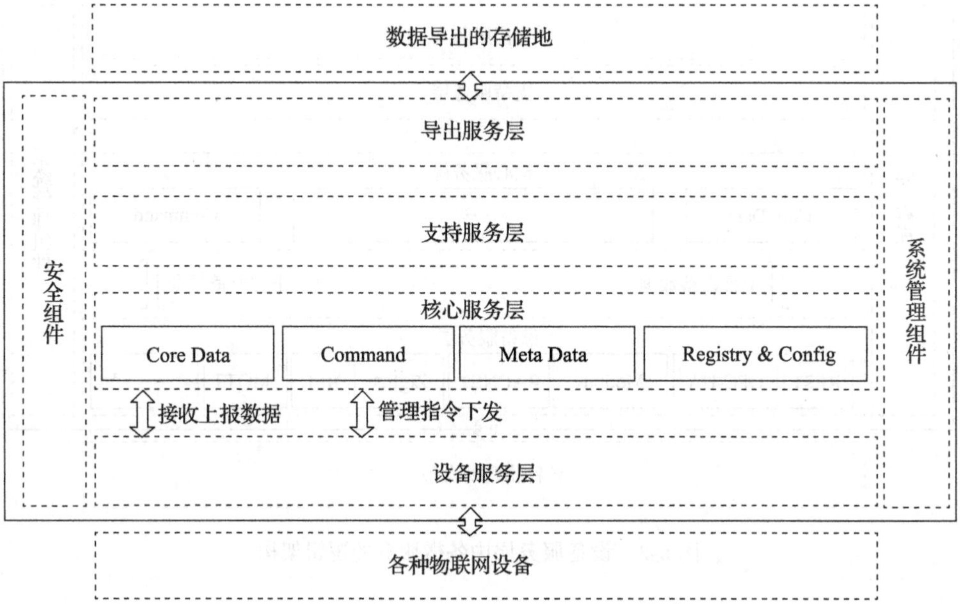


图 6-3 核心服务层中各微服务之间的逻辑架构

核心服务层在 EdgeX Foundry 中将北侧和南侧层分开。核心服务层包括 Registry & Config、Core Data、Meta Data 和 Command 四个微服务。各微服务的具体功能如下。

1）Registry & Config：在 EdgeX Foundry 中的微服务通信时，提供关联服务和微服务配置属性信息。

2）Core Data：提供持久化存储库和相关的管理服务，用于持久化从南侧收集的数据，即对设备服务层上报的数据进行持久化存储和管理。

3）Meta Data：对连接到 EdgeX Foundry 的对象的元数据进行存储和管理，提供配置新设备并将其与自己的设备服务配对的功能。

4）Command：用于管理和控制从北侧发往南侧的制动请求。

## 1. Registry & Config

Registry & Config 的架构和内部逻辑关系如图 6-4 所示。

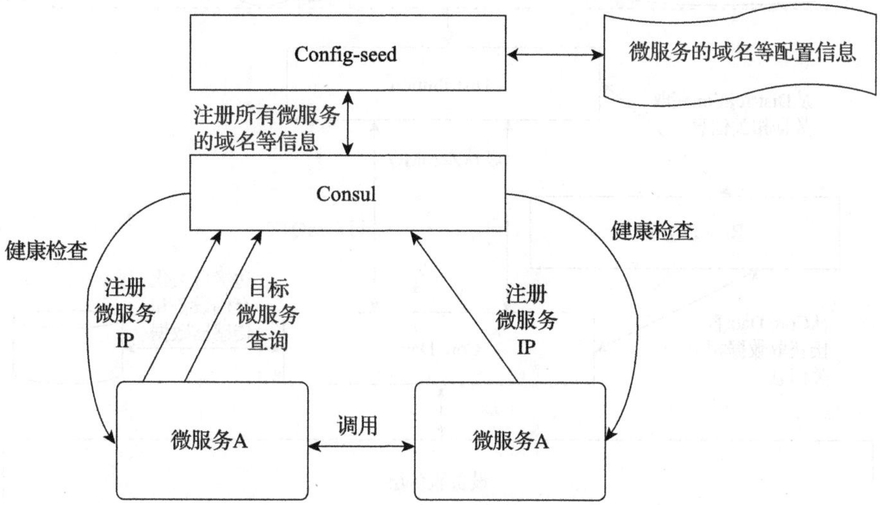


图 6-4 Registry & Config 的架构和内部逻辑关系

Registry & Config 由 Config-seed 和 Consul 共同组成。它们的具体功能如下。

1）Config-seed：在 EdgeX Foundry 中的微服务启动之前，Config-seed 负责将相应微服务的配置信息注册到 Consul。

2）Consul：负责对 Config-seed 注册的微服务的配置进行管理，并根据微服务的配置信息对微服务进行健康检查。

## 2. Core Data

Core Data 能够对采集的设备数据和传感器数据在边缘进行集中的持久化存储。

1）在需要将这些已持久化存储的数据导出到企业或云上时，Core Data 默认可以通过 ZeroMQ 将这些数据分发到导出服务层，并由导出服务层将数据导出。

2）支持服务层的 Rule Engine 可以从导出服务层的 Distribution 获取导出数据的相关信息，也可以直接从 Core Data 获取导出数据的相关信息。Rule Engine 可以根据导出数据的延迟和体积做后续处理。

Core Data 的架构和内部逻辑关系如图 6-5 所示。

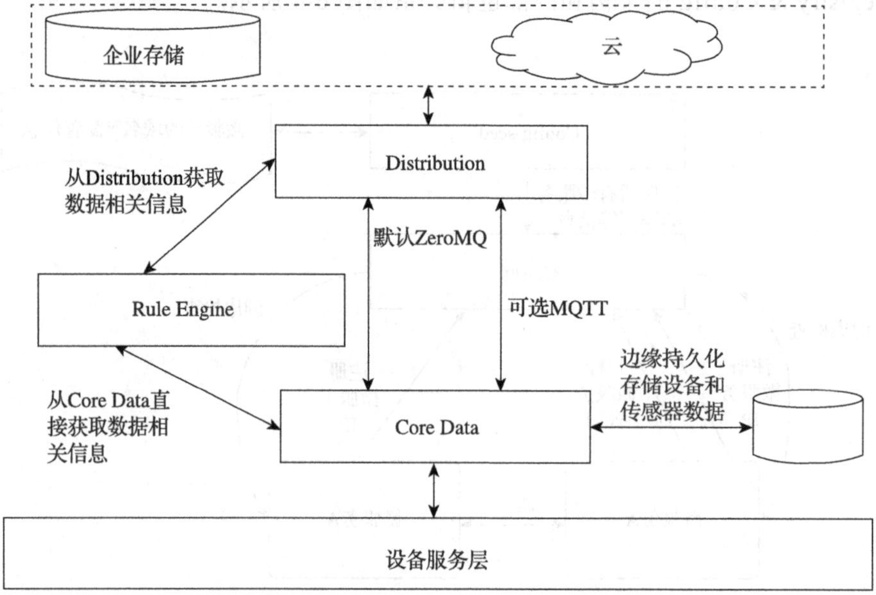


图 6-5 Core Data 的架构和内部逻辑关系

由图 6-5 可知，Core Data 能够在边缘对采集的设备数据和传感器数据进行持久化存储，并能够接收支持服务层中 Rule Engine 的反馈。因为 EdgeX Foundry 中的服务或 EdgeX Foundry 之外的服务在访问边缘上的设备数据和传感器数据时都需要经过 Core Data，这在一定程度上保障了边缘部分敏感数据的安全。

### 3. Meta Data

Meta Data 用来存储 Device Service、Device Profile 和 Device 实例的元数据。Core Data、Command 等微服务可以通过这些元数据与设备进行通信。Meta Data 包含如下元数据。

1）管理设备和传感器的元数据：通过这些元数据，EdgeX Foundry 中的服务可以连接到设备，并对设备进行操作。

2）上报的数据的元数据：通过上报的数据的元数据，我们可以知道上报的数据来自什么组织，以及来自何种类型的设备或传感器。

3）操作设备的元数据：通过这些元数据信息，我们可以知道如何操作设备和传感器。

Meta Data 的架构和内部逻辑关系如图 6-6 所示。

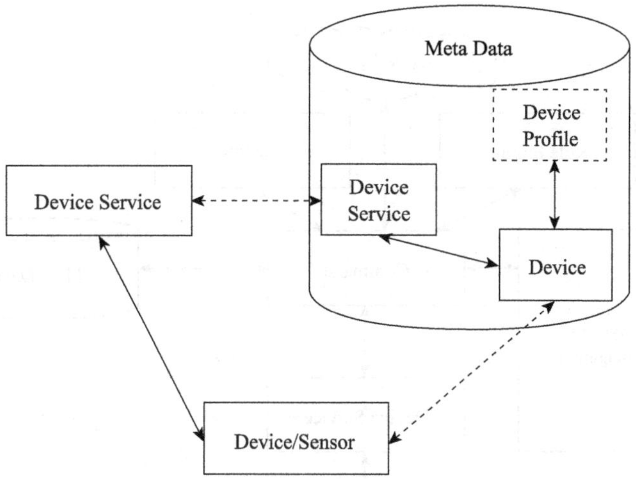


图 6-6　Meta Data 的架构和内部逻辑关系

由图 6-6 可知，Meta Data 存储的信息中，具体包括 Device Service、Device Profile 和 Device。它们的作用和相互之间的关系如下。

1）Device Service：设备服务层中的 Device Service 的抽象。

2）Device Profile：对接入 EdgeX Foundry 的一类设备或传感器的抽象。一个 Device Profile 对应一类设备或传感器。

3）Device：对接入 EdgeX Foundry 的某个具体设备或传感器的抽象。一个 Device 对应一个具体的设备或传感器。

除此之外，Device Service 和 Device 存在着一对多的关系，即一个 Device Service 可以对接多个设备或传感器；Device Profile 与 Device 存在着一对多的关系，即一类设备或传感器可以有多个相应的实例。

#### 4. Command

Command 对发往设备或传感器的指令进行管理和控制。指令具体来源如下。

1）EdgeX Foundry 中的微服务，例如边缘上的本地数据分析器、规则引擎微服务等。

2）与 EdgeX Foundry 运行在同一个环境的其他应用，例如系统管理服务。

3）对设备或传感器进行操作的外部系统，例如云上的应用。

Command 的架构和内部逻辑关系如图 6-7 所示。

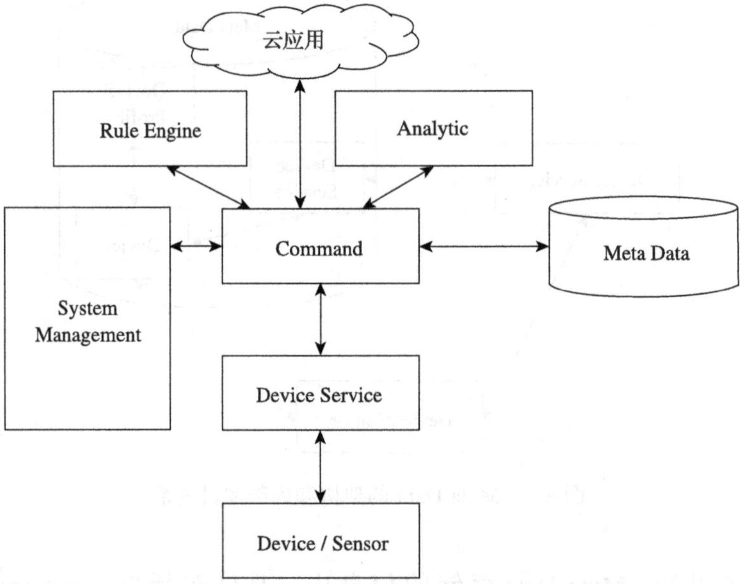


图 6-7 Command 的架构和内部逻辑关系

由图 6-7 可知，我们需要与 Command 交互来控制设备或传感器上的微服务和应用，包括 Rule Engine、Analytic、System Management 和云应用。当上述微服务和应用通过 Command 操作设备或传感器时，Command 会从 Meta Data 中查找出与要操作的设备或传感器对应的 Device Service，最后通过 Device Service 将操作指令下发到相应的设备。

通过上述操作流程可以看出，Command 为与设备或传感器的交互操作提供了一个统一的入口，对设备或传感器可以接收的具体操作进行了定义，并拒绝接收设备或传感器未定义的操作，这在一定程度上保护了设备或传感器。

## 6.4 支持服务层

支持服务层负责提供 EdgeX Foundry 中的微服务都需要的规则引擎、调度、报警与通知、日志等通用功能，以及数据的清理和本地分析功能。目前，该层包括 Alert & Notification、Logging、Scheduling 和 Rule Engine 共 4 个微服务。

支持服务层中各微服务的逻辑架构如图 6-8 所示。

图 6-8 支持服务层中各微服务的逻辑架构

该层的服务与核心服务层的 Core Data 组件和导出服务层的 Distribution 组件交互比较频繁。

### 1. Alert & Notification

Alert & Notification 负责 EdgeX Foundry 中的通知和告警。这些通知和告警可以发送给其他系统，也可以发送给具体的个人，具体操作包括接收、处理和发送。

Alert & Notification 的架构和内部逻辑关系如图 6-9 所示。

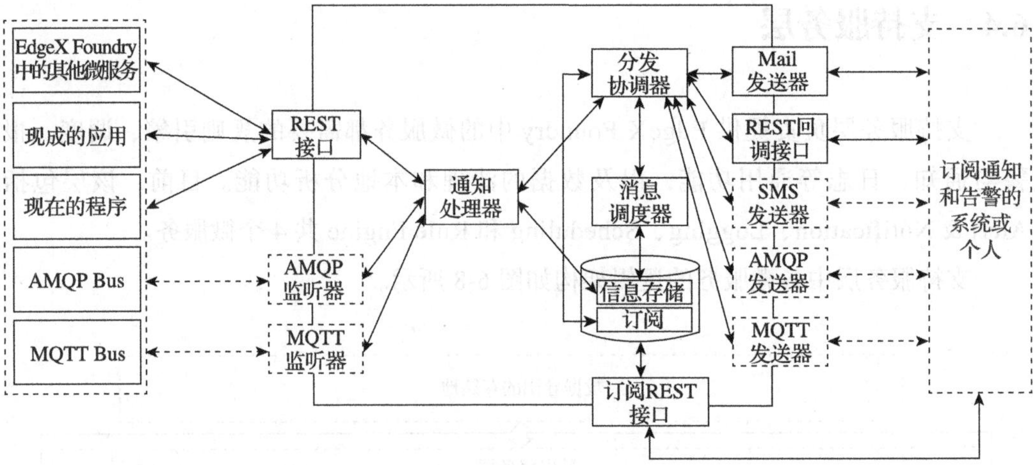


图 6-9　Alert & Notification 的架构和内部逻辑关系

由图 6-9 可知，Alert & Notification 的接收、处理和发送的整个流程已经走通，但是功能相对简单，需要做的事情还很多，具体如下。

1）接收：目前只支持通过 REST 接口接收 EdgeX Foundry 中的其他微服务、现成的应用、现成的程序上报的通知和告警，暂不支持以 AMQP Bus 和 MQTT Bus 的方式接收上报的通知和告警。

2）处理：目前只根据通知和告警的级别进行简单的区别处理。对于 Critical 级别的通知和告警，通知处理器会在对其存储的同时通过分发协调器向外发送；对于 Normal 级别的通知和告警，通知处理器会先对其进行存储，然后通过消息调度器分时段进行批量处理。

3）发送：目前支持发送通知和告警的手段只有 Mail 发送器和 REST 回调接口，暂不支持通过 SMS、AMQP 和 MQTT 发送器来发送通知和告警。

## 2. Logging

Logging 负责监控和理解整个系统在做什么以及微服务之间是如何交互的，以便快速发现问题、修复问题来改善系统的性能。

Logging 在功能上包含以下 5 点。

1）接口设计为非阻塞的，即在其他微服务调用 Logging 接口时，无须等待响应，从而减小对接口调用服务的速度和性能的影响。

2）支持基于时间戳、日志级别、日志产生服务等的查询功能。

3）支持日志持久化存储在文件或数据库中。我们可以通过配置来选择最终使用的文件或数据库。

4）利用现有的日志框架，根据 EdgeX Foundry 的具体需求进行封装。

Logging 的架构和内部逻辑关系如图 6-10 所示。

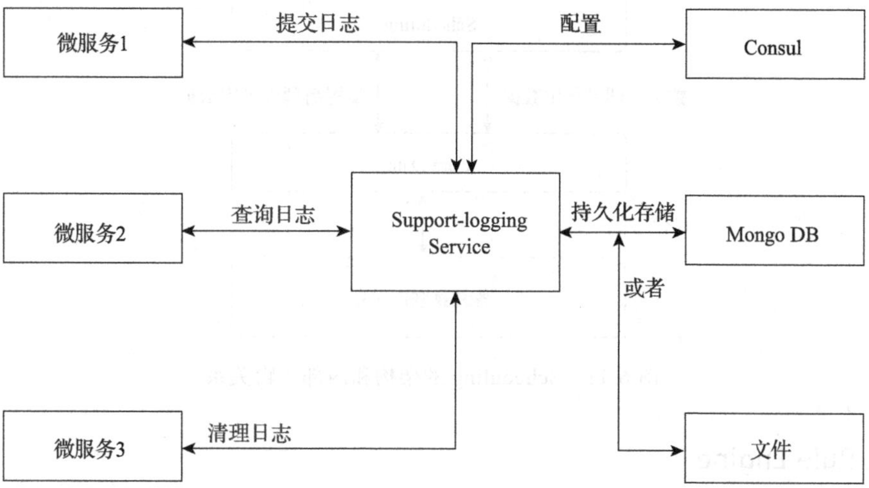


图 6-10　Logging 的架构和内部逻辑关系

由图 6-10 可知，Logging 微服务包括配置、对外提供的 API 和日志存储三部分。各部分的具体功能如下。

1）配置：Logging 通过注册，将配置信息存入 Consul，由 Consul 对配置信息进行集中管理。

2）对外提供的 API：对外提供日志提交、查询和清理的接口。

3）日志存储：Logging 目前提供 Mongo DB 和文件两种持久化存储方式。我们可以通过配置选择其中一种。

### 3. Scheduling

Scheduling 主要负责对 EdgeX Foundry 中的数据进行清理，既可以对已导出数据进行清理，又可以对未导出数据进行清理。

1）对已导出数据进行清理：Scheduling 默认为 Core Data 清理已经导出的事件和读入的数据。

2）对未导出数据进行清理：Scheduling 也可以通过配置对 Core Data 中未导出的事件和读入的数据进行清理。

Scheduling 的架构和内部逻辑关系如图 6-11 所示。

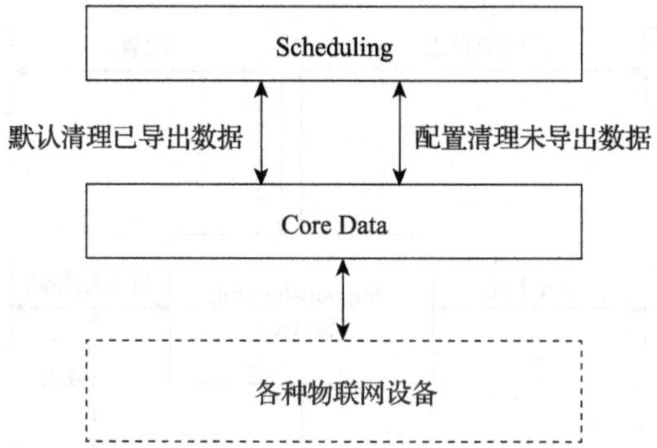


图 6-11 Scheduling 的架构和内部逻辑关系

## 4. Rule Engine

Rule Engine 是网络边缘事件触发机制的一种参考实现，可以监控从传感器或设备采集的数据，并根据这些数据向传感器或设备做出反馈，从而使网络边缘智能化。在 EdgeX Foundry 中，Rule Engine 的工作方式有两种：作为导出服务层中 Export Distribution 的客户端，与核心服务层的 Core Data 直接相连。Rule Engine 作为导出服务层中 Export Distribution 的客户端的具体架构如图 6-12 所示。

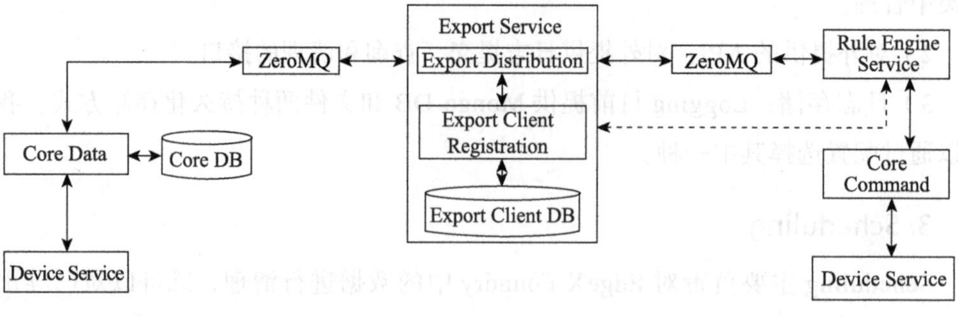


图 6-12 Rule Engine 作为导出服务层中 Export Distribution 的客户端的架构

由图 6-12 可知，Rule Engine 的工作流程包括注册、监控数据和向设备反馈三部分。

1）注册：Rule Engine 启动时将自己的信息注册到导出服务层中的 Export Client Registration 中。

2）监控数据：Export Distribution 会根据 Export Client Registration 中已注册的客户端，将导出的数据通过 ZeroMQ 发送给 Rule Engine Service。

3）向设备反馈：当 Rule Engine Service 通过监控数据发现需要向设备反馈时，将反馈指令下发给 Core Command，然后由 Core Command 传给 Device Service，最后通过 Device Service 将指令下发给相应设备。

Rule Engine 与核心服务层的 Core Data 直接相连的架构如图 6-13 所示。

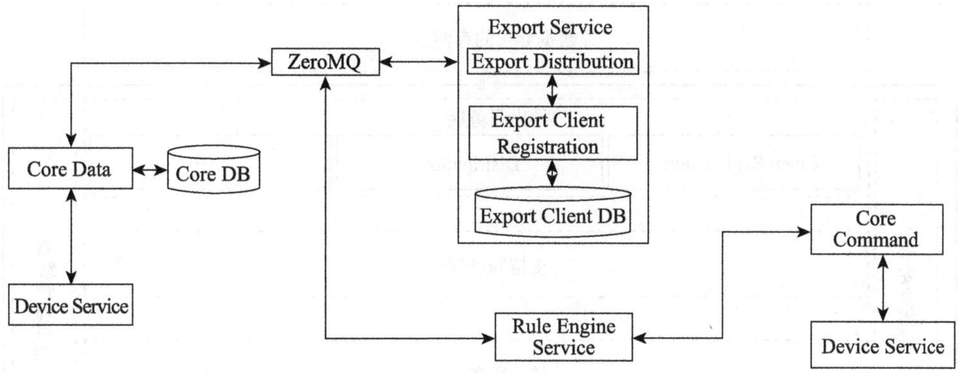


图 6-13　Rule Engine 与核心服务层的 Core Data 直接相连的架构

由图 6-13 可知，Rule Engine 直接与核心服务层 Core Data 导出数据 ZeroMQ 相连，从中获取设备和传感器的数据，并根据数据对设备或传感器做出反馈。反馈指令通过 Core Command 和 Device Service 下发到具体设备或传感器。

## 6.5　导出服务层

导出服务层负责将 EdgeX Foundry 采集的相关设备数据导出并存储，同时将相关设备或传感器数据通过 ZeroMQ 传给 Rule Engine。目前，该层包括 Client Registration 和 Distribution 两个微服务。各微服务的具体功能如下。

1）Client Registration：在 EdgeX Foundry 中，Rule Engine 在启动时会作为客户端注册到 Client Registration 中。Distribution 在导出数据时，也会通过 Client Registration 来查询已注册的客户端信息，并据此向已注册的客户端分发相关导出数据。

2）Distribution：通过 ZeroMQ 从核心服务层的 Core Data 中获取已采集的设备或传感器数据，并将其导出；同时通过 ZeroMQ 将相关导出数据发送给已经注册的客户端。

导出服务层中各微服务的逻辑架构如图 6-14 所示。

图 6-14　导出服务层中各微服务的逻辑架构

Client Registration 和 Distribution 的架构和内部逻辑关系如图 6-15 和图 6-16 所示。

它们联合工作解决了导出什么数据、如何格式化数据和将数据导出到哪里三个问题。

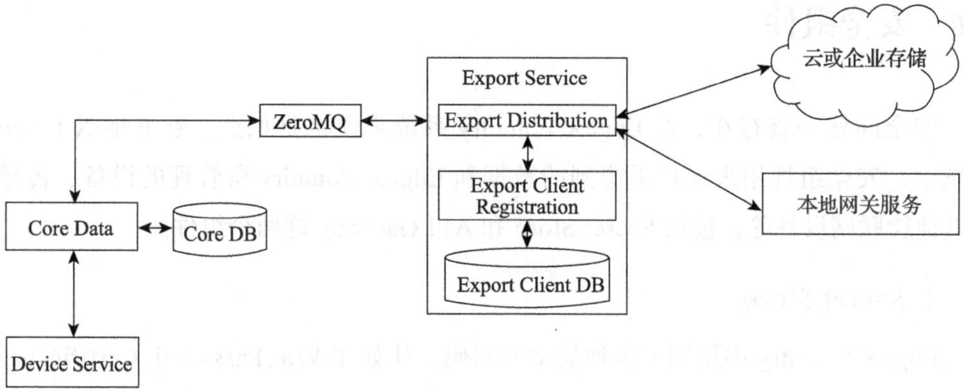


图 6-15　Client Registration 和 Distribution 的架构

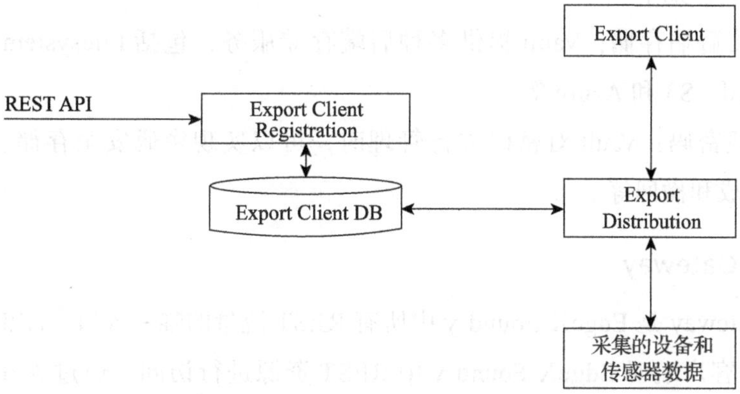


图 6-16　Client Registration 和 Distribution 的内部逻辑关系

1）导出什么数据：导出服务层默认会将所有数据都导出，也可以根据注册客户端设置的过滤器来导出数据。目前，该层支持两种类型的过滤——既可以通过设备 ID 或设备名字对采集到的数据进行过滤，也可以通过数据描述符 ID 或数据描述符名字对采集到的数据进行过滤。

2）如何格式化数据：在将数据传递到已注册的客户端时，数据格式支持 JSON 和 XML，加密方式支持明文或 AES，压缩方式支持 GZIP 或 ZIP。

3）将数据导出到哪里：在客户端注册时，将导出数据的目的地注册到 Client Registration 中。目前，该层支持的数据导出方式包括 REST API 和 MQTT。

## 6.6 安全组件

安全问题一直存在，对 EdgeX Foundry 系统来说也是如此。在 EdgeX Foundry 系统中，安全组件用来保护采集到的数据和 EdgeX Foundry 所管理的设备、传感器和其他物联网设备等，包括 Secret Store 和 API Gateway 这两个组件。

### 1. Secret Store

EdgeX Foundry 中用到了多种类型的密码，比如 Token、Password、Certificate 等。Secret Store 对上述密码进行集中存储。目前，EdgeX Foundry 将 Vault 作为 Secret Store 的解决方案。Vault 对所有的密码提供统一的接口，使对接后端存储和管理密码比较灵活，具体如下。

1）对接后端存储：Vault 提供多种后端存储服务，包括 Filesystem、Database、Consul、Etcd、S3 和 Azure 等。

2）管理密码：Vault 对密码进行管理时，可以实现密码安全存储、密码加密、密码重新生成和撤回等。

### 2. API Gateway

API Gateway 是 EdgeX Foundry 中所有 REST 流量的唯一入口。API Gateway 只允许认证的客户端对 EdgeX Foundry 中 REST 资源进行访问。通过 API Gateway 访问的具体流程包括接收客户端请求、验证客户端身份和转发相应的客户端请求到相应的微服务。

目前，EdgeX Foundry 将 Kong 作为 API Gateway 的解决方案，并在此基础上增加了对 Kong 环境初始化的代码，设置了从 Kong 到相应微服务的路由，同时为 Kong 增加了多种认证 / 授权机制，包括 JWT、OAuth2 和 ACL。

## 6.7 系统管理组件

在 EdgeX Foundry 中，系统管理组件包括如下功能。

1）启动、停止和重启 EdgeX Foundry 中的微服务。

2）从 EdgeX Foundry 中获取多种监控指标（例如内存使用率等），以便监控微服务的操作和性能。

3）获得 EdgeX Foundry 中微服务的配置。

系统管理组件是通过唯一的入口来远程管理和监控 EdgeX Foundry 中的微服务的。系统管理组件由以下两部分组成。

1）System Management Agent：在 EdgeX Foundry 中是一个独立的微服务，是所有系统管理命令的唯一入口。

2）Microservice Management：与 EdgeX Foundry 中微服务集成，负责与 System Management Agent 交互，在每个微服务中实现系统管理功能。

系统管理组件架构与内部逻辑如图 6-17 所示。

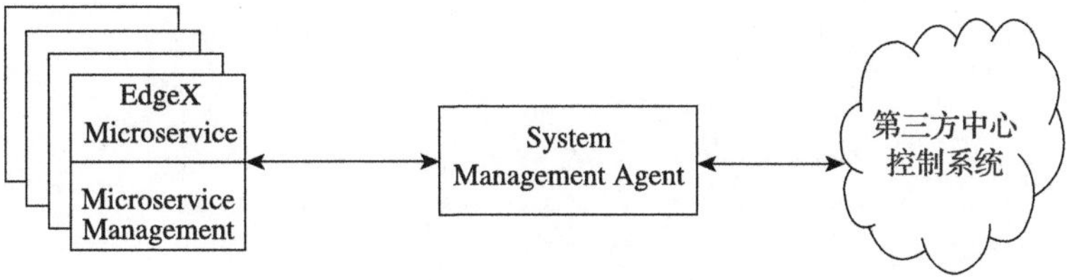


图 6-17　系统管理组件架构与内部逻辑

## 6.8　本章小结

本章从设备服务层、核心服务层、支持服务层、导出服务层、安全组件和系统管理组件 6 个维度，对边缘计算系统的端部分 EdgeX Foundry 的原理进行了解析。下一章将对边缘计算系统的云部分解决方案 Kubernetes 的源码进行分析。

# 源码分析篇

第 7 章 Chapter 7

# 云部分源码分析

本章对边缘计算系统的云部分解决方案 Kubernetes 的源码进行分析。首先搭建开发环境，然后安装在其中用到的相关工具，最后分析 Kubernetes 源码的整体结构、各源码目录的作用和各组件的源码入口及源码调用流程。

## 7.1 搭建开发环境

本节对阅读 Kubernetes 源码所需的语言环境和 IDE 进行安装，即在 macOS X 环境下安装 Go 和阅读 Go 项目源码的 GoLand。

### 7.1.1 安装 Go 和 GoLand

#### 1. 安装 Go

在 macOS X 上安装 Go 之前需要安装 Homebrew。Homebrew 的作用类似 Ubuntu 操作系统的 apt-get、CentOS 操作系统的 yum。Homebrew 具体安装命令如下：

```
$ ruby -e "$(curl -fsSL https://raw.GitHubusercontent.com/Homebrew/install/
    master/install)"
```

安装成功之后，代码显示如图 7-1 所示。

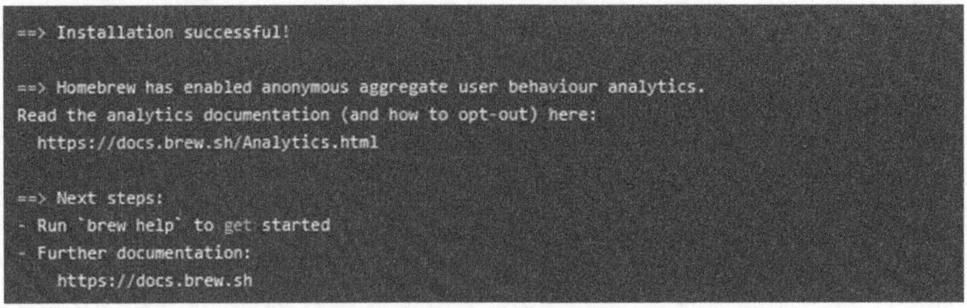

```
==> Installation successful!

==> Homebrew has enabled anonymous aggregate user behaviour analytics.
Read the analytics documentation (and how to opt-out) here:
  https://docs.brew.sh/Analytics.html

==> Next steps:
- Run `brew help` to get started
- Further documentation:
    https://docs.brew.sh
```

图 7-1　在 macOS X 上安装 Homebrew

通过 brew 查看可用的 Go 版本，命令如下：

```
$brew search go
```

在 macOS X 上通过 Homebrew 查看可用的 Go 版本，如图 7-2 所示。

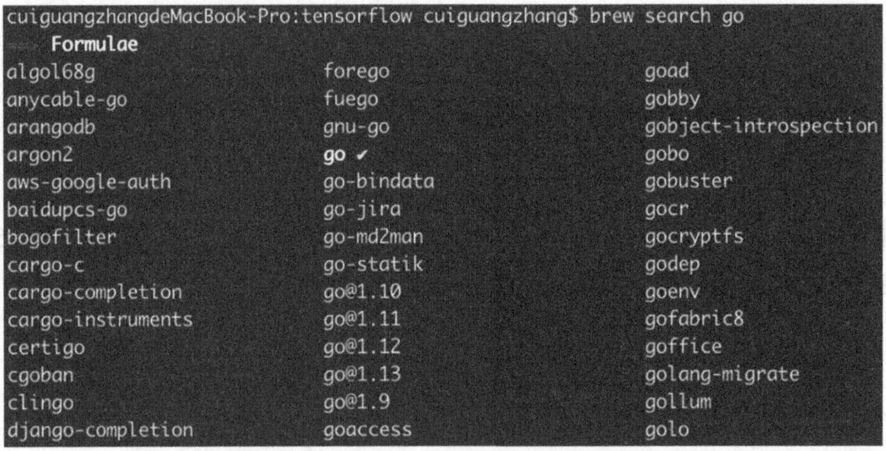

```
cuiguangzhangdeMacBook-Pro:tensorflow cuiguangzhang$ brew search go
==> Formulae
algol68g              forego            goad
anycable-go           fuego             gobby
arangodb              gnu-go            gobject-introspection
argon2                go ✔              gobo
aws-google-auth       go-bindata        gobuster
baidupcs-go           go-jira           gocr
bogofilter            go-md2man         gocryptfs
cargo-c               go-statik         godep
cargo-completion      go@1.10           goenv
cargo-instruments     go@1.11           gofabric8
certigo               go@1.12           goffice
cgoban                go@1.13           golang-migrate
clingo                go@1.9            gollum
django-completion     goaccess          golo
```

图 7-2　在 macOS X 上通过 Homebrew 查看可用的 Go 版本

如图 7-3 所示，安装指定的 Go 版本。本节安装 Go 1.13，命令如下：

```
$brew install go@1.13
```

```
######################################################################## 100.0%
==> Pouring go@1.13-1.13.9.catalina.bottle.tar.gz
==> Caveats
go@1.13 is keg-only, which means it was not symlinked into /usr/local,
because this is an alternate version of another formula.

If you need to have go@1.13 first in your PATH run:
  echo 'export PATH="/usr/local/opt/go@1.13/bin:$PATH"' >> ~/.bash_profile

==> Summary
🍺 /usr/local/Cellar/go@1.13/1.13.9: 9,276 files, 414.5MB
```

图 7-3　在 macOS X 上通过 Homebrew 安装 Go 1.13

设置 Go 相关的环境变量，命令如下：

```
$sudo vim  ~/.bash_profile

export GOPATH="$HOME/gopath"
export GOBIN="$GOPATH/bin"
export PATH ="$PATH:$GOBIN"
```

## 2. 安装 GoLand

下载并安装 GoLand 的 Mac 版本，这里不再赘述。安装成功之后，打开 GoLand，如图 7-4 所示。

图 7-4　GoLand 主页

### 7.1.2 安装 Git 并下载 Kubernetes 源码

1）安装 Git。通过 Homebrew 下载 Git，命令如下：

```
$brew install git
```

2）下载 Kubernetes 源码，命令如下：

```
$ git clone https://GitHub.com/Kubernetes/Kubernetes.git
```

### 7.1.3 Go Modules 简介

Kubernetes 的源码是通过 Go Modules 对相关依赖进行管理的。

（1）Go Modules 的作用

Go Modules 是替代 GOPATH 的源码依赖的解决方案，在 Go 1.11 版本中作为一个新特性加入进来。在 Go 中，Module 是相关 Go 包的集合，Modules 是源码交换和版本控制的单元，Go Modules 命令可以直接使用 Modules，包括记录和解析对其他模块的依赖。

（2）Go Modules 的启停

通过设置环境变量 GO11MODULE，Go Modules 可实现启停。GO11MODULE 的值包括 off、on 和 auto。它们的具体作用如下。

1）当 GO11MODULE 被设置为 off 时，go 命令将不支持 Module 功能，寻找依赖包时将会沿用旧版本的方式，即通过 vendor 目录或者 GOPATH 目录来查找。

2）当 GO11MODULE 被设置为 on 时，go 命令会直接使用 Modules 来解决项目中的源码依赖，而不会去 GOPATH 目录下查找。

3）当 GO11MODULE 被设置为 auto 时，go 命令会根据当前目录来决定是否启用 Modules 功能。

（3）Go Modules 的常用命令

1）download：下载依赖包并缓存。

2）edit：编辑 go.mod。

3）graph：在控制台输出模块依赖图。

4）init：在当前目录初始化 mod。

5）tidy：拉取缺少的模块、移除不用的模块。

6）vendor：将相关依赖复制到 vendor 目录下。

7）verify：验证依赖的正确性。

8）why：解释为什么需要依赖。

### 7.1.4　下载 Kubernetes 的源码依赖

使用 GoLand 打开已经下载好的 Kubernetes 源码，如果出现相关依赖下载失败，一般是下载依赖时无法访问相应托管服务器造成的。我们可以在 GoLand 的 Terminal 中设置 GOPROXY 来解决，具体如图 7-5 所示。

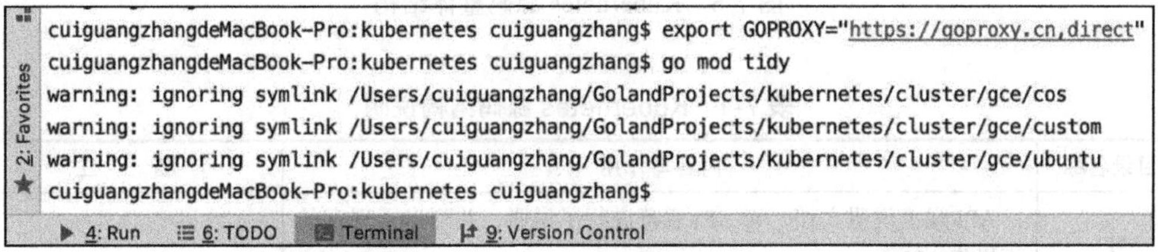


图 7-5　在 GoLand 的 Terminal 中设置 GOPROXY 来解决源码依赖问题

## 7.2　Kubernetes 源码整体结构分析

本节将对 Kubernetes 源码的整体结构、各源码目录的作用进行梳理。Kubernetes 源码整体结构如图 7-6 所示。

由图 7-6 可知，Kubernetes 源码目录包括 api、build、cluster、cmd、docs、Godeps、hack、logo、pkg、plugin、staging、test、third_party、translations 和 vendor 等。下面通过表 7-1 对它们的内容和作用进行详细梳理和说明。

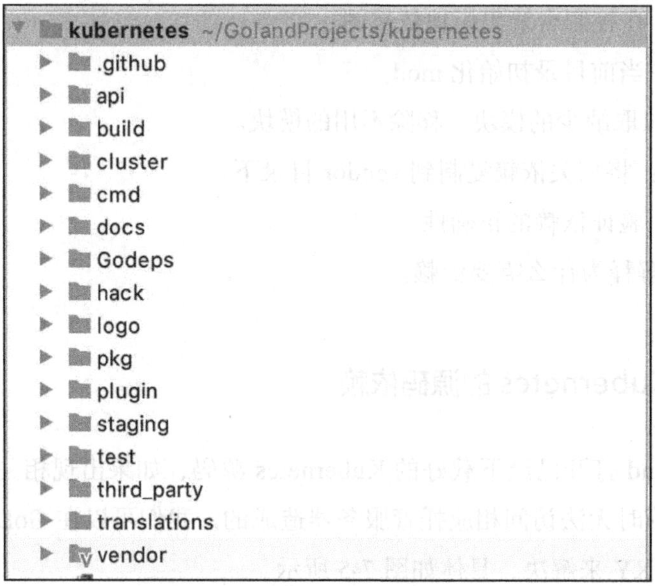


图 7-6 Kubernetes 源码整体结构

表 7-1 Kubernetes 源码结构说明

| 目录名称 | 内容与作用 | 备 注 |
|---|---|---|
| api | API 规范说明文档，对 API 规范进行了说明，并列出了现存的不规范 API | |
| build | 在容器化环境下构建 Kubernetes 的 shell 脚本，对构建 Kubernetes 时脚本之间的调用关系及构建流程进行了说明 | |
| cluster | 该目录中的脚本用来自动创建和配置 Kubernetes 集群，主要对 Kubernetes 集群的网络、DNS、控制节点的组件和计算节点的组件进行配置 | 目前，该目录已经进入维护模式，不再接收新的内容，未来可能会被废弃 |
| cmd | 存放 Kubernetes 所有组件的源码入口，这些组件包括控制节点的 Kube-apiserver、Kube-controller-manager、Kube-scheduler，计算节点的 Kubelet、Kube-proxy 和命令行管理工具 Kubectl | |
| docs | 存放 Kubernetes 相关文档，但目前该目录为空 | |
| Godeps | 存放 Kubernetes 旧版本的相关依赖，目前该目录为空 | |
| hack | 存放 Kubernetes 持续集成需要的 shell 脚本，通过这些脚本可以提高开发者的开发效率，提高代码的鲁棒性 | |
| logo | 存放 Kubernetes 相关的图标 | |
| pkg | 存放 Kubernetes 各组件功能的实现，与 cmd 对应 | |

（续）

| 目录名称 | 内容与作用 | 备　注 |
|---|---|---|
| plugin | 存放 Kubernetes 的插件，目前具有的插件包括用来鉴权的 Auth 和准入控制器 | |
| staging | 存放已拆分到自己的存储库的软件包，此处的内容将定期发布到各个顶级 k8s.io 存储库 | |
| test | 存放 Kubernetes 测试用例，包括端到端测试、集成测试和性能测试用例等 | |
| third_party | 存放 Kubernetes 项目源码中用到的第三方工具 | |
| translations | 存放 Kubernetes 项目中翻译的相关内容，主要是与翻译相关的工作流程的描述 | |
| vendor | 存放 Kubernetes 项目中用到的源码依赖 | |

## 7.3 组件源码分析

本节将主要对 Kubernetes 的核心组件的源码进行梳理和分析。这些组件包括控制节点的 Kube-apiserver、Kube-controller-manager、Kube-scheduler，计算节点的 Kubelet、Kube-proxy。

### 7.3.1 共用命令行工具库 Cobra

本节将要讲解的所有组件都是以命令行的方式进行启停的。它们都是基于命令行工具库 Cobra 实现的。Cobra 既可以用于创建功能强大的现代 CLI 应用程序的库，又可以用于生成 CLI 应用程序和添加所需命令。

#### 1. 使用 Cobra 创建 CLI 应用程序库

Cobra 是实现了很多与 POSIX 命令行规范兼容的命令行工具库。用户可以引用 Cobra 中已有的工具轻松创建功能强大的 CLI 应用程序库。

例如，在 GoLand 中新建项目 mycli，并在该项目文件中直接引用 Cobra，但出现了图 7-7 无法解析的情况。

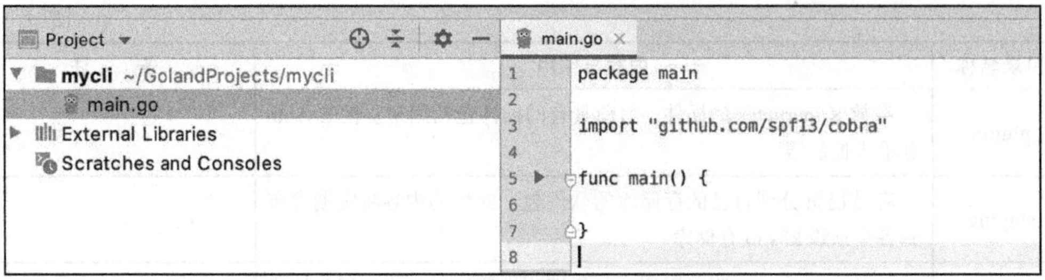


图 7-7　在源码中引入依赖失败

打开 GoLand 的 Terminal，并在 Terminal 中执行如下命令：

```
$go mod tidy
$go mod vendor
```

发现在 mycli 中可以正常引用 Cobra，具体如图 7-8 所示。

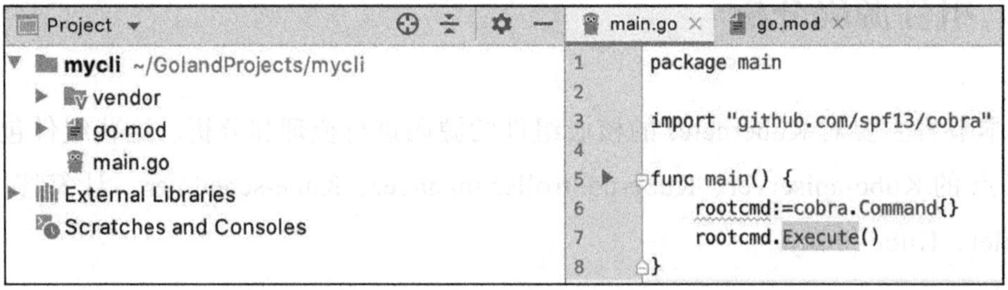


图 7-8　在源码中引入依赖成功

通过上述方式，我们就可以轻松地把 Cobra 中已有的工具集成到自己的 CLI 应用程序了。

### 2. 使用 Cobra 生成 CLI 应用程序项目和添加所需命令

除了通过在用户自己的 CLI 应用程序中集成 Cobra 应用程序库之外，我们还可以通过 Cobra 创建自己的 CLI 应用程序项目，并通过 Cobra 添加所需的任何命令。

使用 Cobra 创建 mycli 应用程序项目，命令如下：

```
$cobra init mycli --pkg-name mycli
```

执行命令后，结果如图 7-9 所示。

```
cuiguangzhangdeMacBook-Pro:GolandProjects cuiguangzhang$ cobra init mycli --pkg-name mycli
Your Cobra applicaton is ready at
/Users/cuiguangzhang/GolandProjects/mycli
cuiguangzhangdeMacBook-Pro:GolandProjects cuiguangzhang$ ls mycli/
LICENSE cmd     go.mod  go.sum  main.go vendor
```

图 7-9　使用 cobra 创建 mycli 应用程序项目

在 GoLand 中打开 mycli 源码目录，具体如图 7-10 所示。

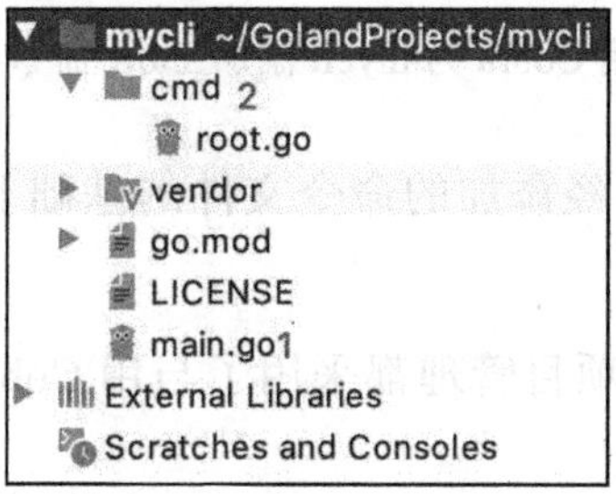


图 7-10　使用 Go 打开 mycli 源码目录

在图 7-10 中，main.go1 是应用程序 mycli 的入口，用户不需要编辑；cmd 文件夹下存放了 mycli 具体命令行功能的实现。用户通过 Cobra 添加命令生成的文件都会出现在该文件夹下。

使用 cobra 为 mycli 添加 show 命令：

```
$cobra add show
```

具体操作如图 7-11 所示。

```
cuiguangzhangdeMacBook-Pro:mycli cuiguangzhang$ cobra add show
show created at /Users/cuiguangzhang/GolandProjects/mycli
```

图 7-11　使用 cobra 为 mycli 添加 show 命令

添加 show 命令后生成的文件会出现在 mycli 项目的 cmd 目录下，具体如图 7-12 所示。

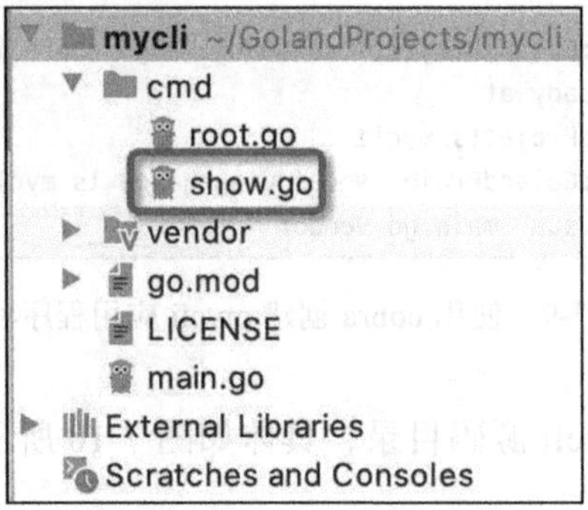


图 7-12　使用 Cobra 为 mycli 添加 show 命令后生成的文件

接下来，用户可以在已经添加的命令文件的基础上添加命令所需的功能逻辑，以实现命令的完整功能。

Kubernetes 的核心组件项目管理都采用了与用 Cobra 生成 CLI 应用程序项目和添加所需命令类似的方式。

## 7.3.2 Kube-apiserver

Kube-apiserver 组件的源码入口为 kubernetes/cmd/kube-apiserver 目录下的 apiserver.go 文件，具体如图 7-13 所示。

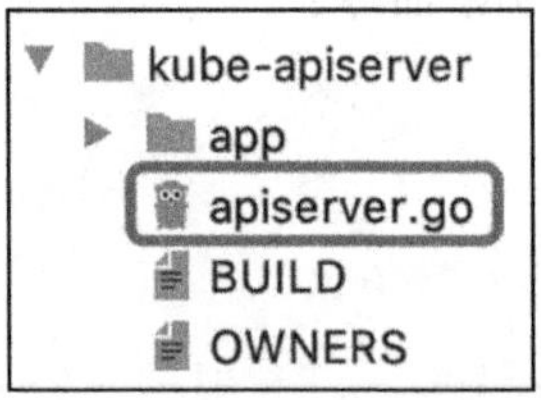


图 7-13　Kube-apiserver 组件源码入口文件

其核心代码逻辑如下：

```
import (
    ...
    "k8s.io/kubernetes/cmd/kube-apiserver/app"
    ...
```

```
)

func main() {
    ...
    command := app.NewAPIServerCommand()

    ...
        if err := command.Execute(); err != nil {
        os.Exit(1)
    }
}
```

从以上代码逻辑可以看出，apiserver.go 只是 Kube-apiserver 组件的启动入口，推测主要业务逻辑实现应该在 kubernetes/cmd/kube-apiserver/app 中。语句 command := app.NewAPIServerCommand() 中 NewAPIServerCommand() 函数的定义文件为 kubernetes/cmd/kube-apiserver/app/server.go，具体如下所示。

```
func NewAPIServerCommand() *cobra.Command {
    s := options.NewServerRunOptions()
    cmd := &cobra.Command{
        ...
        RunE: func(cmd *cobra.Command, args []string) error {
            verflag.PrintAndExitIfRequested()
            utilflag.PrintFlags(cmd.Flags())

            completedOptions, err := Complete(s)
            if err != nil {
                return err
            }

            if errs := completedOptions.Validate(); len(errs) != 0 {
                return utilerrors.NewAggregate(errs)
            }

            return Run(completedOptions, genericapiserver.SetupSignalHandler())
        },
    }

    ...
    return cmd
}
```

上述代码中，NewAPIServerCommand() 函数主要做了如下两件事。

1）s := options.NewServerRunOptions() 初始化 Kube-apiserver 的运行时配置选项。

2）cmd := &cobra.Command{} 初始化 Kube-apiserver 的启动命令，并对其进行设置。

接下来，对这两件事进行展开分析。

s := options.NewServerRunOptions() 的具体实现如下所示。

```
func NewServerRunOptions() *ServerRunOptions {
    s := ServerRunOptions{
        ...
    }

    ...

    return &s
}
```

上述代码中，该函数对 ServerRunOptions 结构体进行了初始化，并将初始化的结构体返回。ServerRunOptions 结构体的定义文件为 Kubernetes/cmd/kube-apiserver/app/options/options.go。该结构体具体如下所示。

```
type ServerRunOptions struct {
    GenericServerRunOptions *genericoptions.ServerRunOptions
    Etcd                    *genericoptions.EtcdOptions
    SecureServing           *genericoptions.SecureServingOptionsWithLoopback
    InsecureServing         *genericoptions.DeprecatedInsecureServing
                             OptionsWithLoopback
    Audit                   *genericoptions.AuditOptions
    Features                *genericoptions.FeatureOptions
    Admission               *kubeoptions.AdmissionOptions
    Authentication          *kubeoptions.BuiltInAuthenticationOptions
    Authorization           *kubeoptions.BuiltInAuthorizationOptions
    CloudProvider           *kubeoptions.CloudProviderOptions
    APIEnablement           *genericoptions.APIEnablementOptions
    EgressSelector          *genericoptions.EgressSelectorOptions
```

```
    AllowPrivileged            bool
    EnableLogsHandler          bool
    EventTTL                   time.Duration
    KubeletConfig              Kubeletclient.KubeletClientConfig
    KubernetesServiceNodePort int
    MaxConnectionBytesPerSec  int64
    ServiceClusterIPRanges string
    PrimaryServiceClusterIPRange   net.IPNet
    SecondaryServiceClusterIPRange net.IPNet

    ServiceNodePortRange utilnet.PortRange
    SSHKeyfile           string
    SSHUser              string

    ProxyClientCertFile string
    ProxyClientKeyFile  string

    EnableAggregatorRouting bool

    MasterCount             int
    EndpointReconcilerType string

    ServiceAccountSigningKeyFile      string
    ServiceAccountIssuer              serviceaccount.TokenGenerator
    ServiceAccountTokenMaxExpiration time.Duration

    ShowHiddenMetricsForVersion string

}
```

通过 ServerRunOptions 结构体定义中各属性的名字，我们可以明确地知道各属性的作用。本节不对其进行深入分析，有需要的读者可以在本节的基础上对其深入分析。

cmd := &cobra.Command{} 的定义具体如下所示。

```
cmd := &cobra.Command{
        ...
        RunE: func(cmd *cobra.Command, args []string) error {
            verflag.PrintAndExitIfRequested()
            utilflag.PrintFlags(cmd.Flags())
```

```
            completedOptions, err := Complete(s)
            if err != nil {
                return err
            }

            if errs := completedOptions.Validate(); len(errs) != 0 {
                return utilerrors.NewAggregate(errs)
            }

            return Run(completedOptions, genericapiserver.SetupSignalHandler())
        }
    }
```

上述代码中，该函数主要做了如下 3 件事。

1）completedOptions, err := Complete(s)：设置默认参数，具体逻辑由 Complete() 函数实现。

2）errs := completedOptions.Validate()：参数校验，具体逻辑由 Validate() 函数实现。

3）Run(completedOptions, genericapiserver.SetupSignalHandler())：根据处理好的参数设置 Kube-apiserver 的运行函数，具体由 Run() 函数实现。

至此，Kube-apiserver 组件的源码入口分析就结束了，有需要的读者可以在本节的基础上进行深入分析。

## 7.3.3 Kube-controller-manager

Kube-controller-manager 组件的源码入口为目录 Kubernetes/cmd/kube-controller-manager 下的 controller-manager.go 文件，如图 7-14 所示。

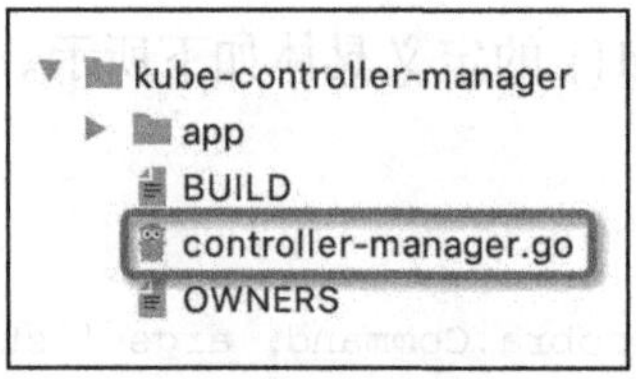


图 7-14　kube-controller-manager 组件源码入口

Kube-controller-manager 组件的源码入口的核心逻辑如下所示。

```
import (
    ...
    "k8s.io/Kubernetes/cmd/kube-controller-manager/app"
)

func main() {
    ...

    command := app.NewControllerManagerCommand()

    ...

    if err := command.Execute(); err != nil {
        os.Exit(1)
    }
}
```

上述代码中，controller-manager.go 只是 Kube-controller-manager 组件的启动入口。推测主要业务逻辑实现应该在 Kubernetes/cmd/kube-controller-manager/app 中。语句 command := app.NewControllerManagerCommand() 中 NewControllerManagerCommand() 函数的定义文件为 kubernetes/cmd/kube-controller-manager/app/controllermanager.go。

NewControllerManagerCommand() 函数定义具体如下所示。

```
func NewControllerManagerCommand() *cobra.Command {
    s, err := options.NewKubeControllerManagerOptions()
    ...
    cmd := &cobra.Command{
        ...
        Run: func(cmd *cobra.Command, args []string) {
            verflag.PrintAndExitIfRequested()
            utilflag.PrintFlags(cmd.Flags())

            c, err := s.Config(KnownControllers(), ControllersDisabled-
                ByDefault.List())
            if err != nil {
                fmt.Fprintf(os.Stderr, "%v\n", err)
```

```
                os.Exit(1)
            }

            if err := Run(c.Complete(), wait.NeverStop); err != nil {
                fmt.Fprintf(os.Stderr, "%v\n", err)
                os.Exit(1)
            }
        }
    }

    ...

    return cmd
}
```

上述代码中，该函数主要做了如下两件事。

1）s, err := options.NewKubeControllerManagerOptions()：初始化 Kube-controller-manager 组件的运行时配置选项。

2）cmd := &cobra.Command{}：初始化 Kube-controller-manager 组件的启动函数，并对其进行设置。

接下来，对这两件事展开分析。

s, err := options.NewKubeControllerManagerOptions() 的具体实现如下所示。

```
func NewKubeControllerManagerOptions() (*KubeControllerManagerOptions,
    error) {
    componentConfig, err := NewDefaultComponentConfig(ports.InsecureKube
        ControllerManagerPort)
    if err != nil {
        return nil, err
    }

    s := KubeControllerManagerOptions{
        ...
    }

    ...
```

```
    return &s, nil
}
```

上述代码首先获得componentConfig，然后用componentConfig对KubeController-ManagerOptions结构体进行初始化。KubeControllerManagerOptions结构体的定义文件为kubernetes/cmd/ kube-controller-manager/app/options/options.go。

KubeControllerManagerOptions结构体定义具体如下所示。

```
type KubeControllerManagerOptions struct {
    Generic           *cmoptions.GenericControllerManagerConfigurationOptions
    KubeCloudShared   *cmoptions.KubeCloudSharedOptions
    ServiceController *cmoptions.ServiceControllerOptions

    AttachDetachController           *AttachDetachControllerOptions
    CSRSigningController             *CSRSigningControllerOptions
    DaemonSetController              *DaemonSetControllerOptions
    DeploymentController             *DeploymentControllerOptions
    StatefulSetController            *StatefulSetControllerOptions
    DeprecatedFlags                  *DeprecatedControllerOptions
    EndpointController               *EndpointControllerOptions
    EndpointSliceController          *EndpointSliceControllerOptions
    GarbageCollectorController       *GarbageCollectorControllerOptions
    HPAController                    *HPAControllerOptions
    JobController                    *JobControllerOptions
    NamespaceController              *NamespaceControllerOptions
    NodeIPAMController               *NodeIPAMControllerOptions
    NodeLifecycleController          *NodeLifecycleControllerOptions
    PersistentVolumeBinderController *PersistentVolumeBinderControllerOptions
    podGCController                  *podGCControllerOptions
    ReplicaSetController             *ReplicaSetControllerOptions
    ReplicationController            *ReplicationControllerOptions
    ResourceQuotaController          *ResourceQuotaControllerOptions
    SAController                     *SAControllerOptions
    TTLAfterFinishedController       *TTLAfterFinishedControllerOptions

    SecureServing   *apiserveroptions.SecureServingOptionsWithLoopback
    InsecureServing *apiserveroptions.DeprecatedInsecureServingOptionsWithLoopback
    Authentication  *apiserveroptions.DelegatingAuthenticationOptions
```

```
    Authorization    *apiserveroptions.DelegatingAuthorizationOptions

    Master      string
    Kubeconfig string
}
```

该结构体的主要内容是 Kube-controller-manager 组件中各种 Controller 的配置项和 Kube-controller-manager 组件所需的全局配置。我们从各属性的名字可以明确地知道各属性的作用。

cmd := &cobra.Command{} 的定义具体如下所示。

```
cmd := &cobra.Command{
        ...
        Run: func(cmd *cobra.Command, args []string) {
            verflag.PrintAndExitIfRequested()
            utilflag.PrintFlags(cmd.Flags())

            c, err  := s.Config(KnownControllers(), ControllersDisabled-
                ByDefault.List())
            if err != nil {
                fmt.Fprintf(os.Stderr, "%v\n", err)
                os.Exit(1)
            }

            if err := Run(c.Complete(), wait.NeverStop); err != nil {
                fmt.Fprintf(os.Stderr, "%v\n", err)
                os.Exit(1)
            }
        },
    }
```

该函数主要做了如下两件事。

1）c, err := s.Config(KnownControllers(), ControllersDisabledByDefault.List())：对 Kube-controller-manager 组件中的各种 Controller 进行配置。

2）err := Run(c.Complete(), wait.NeverStop)：根据处理好的配置，设置 Kube-controller-manager 组件中的运行函数即 Run() 函数。Run() 函数用来启动 Kube-controller-manager 组件中的各种 Controller，并在后台长期驻留。

至此，Kube-controller-manager 组件的源码入口分析就结束了。

### 7.3.4 Kube-scheduler

Kube-scheduler 组件的源码入口为目录 Kubernetes/cmd/kube-scheduler 下的 scheduler.go 文件，具体如图 7-15 所示。

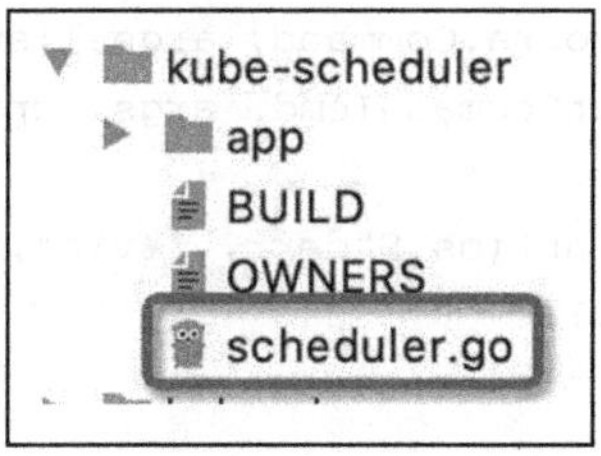


图 7-15　Kube-scheduler 组件的源码入口

Kube-scheduler 组件的源码入口核心逻辑如下所示。

```
import (
    ...
    "k8s.io/kubernetes/cmd/kube-scheduler/app"
)

func main() {
    ...

    command := app.NewSchedulerCommand()

    ...
    if err := command.Execute(); err != nil {
        os.Exit(1)
    }
}
```

上述代码中，scheduler.go 只是 Kube-scheduler 组件的启动入口，推测主要业务逻辑实现应该在 kubernetes/cmd/kube-scheduler/app 中。语句 command := app. NewSchedulerCommand() 中 NewSchedulerCommand() 函数的定义文件为 kubernetes/

cmd/kube-scheduler/app/server.go。

NewSchedulerCommand() 函数的定义如下所示。

```
func NewSchedulerCommand(registryOptions ...Option) *cobra.Command {
    opts, err := options.NewOptions()
    ...

    cmd := &cobra.Command{
        ...
        Run: func(cmd *cobra.Command, args []string) {
            if err := runCommand(cmd, args, opts, registryOptions...); err
                != nil {
                fmt.Fprintf(os.Stderr, "%v\n", err)
                os.Exit(1)
            }
        }
    }
    ...

    return cmd
}
```

该函数主要做了如下两件事。

1）opts, err := options.NewOptions()：初始化 Kube-scheduler 组件的运行时配置选项。

2）cmd := &cobra.Command{}：初始化 Kube-scheduler 组件的启动函数，并对其进行设置。

接下来，对这两件事展开分析。

opts, err := options.NewOptions() 具体实现如下所示。

```
func NewOptions() (*Options, error) {
    cfg, err := newDefaultComponentConfig()
    ...

    hhost, hport, err := splitHostIntPort(cfg.HealthzBindAddress)
    ...
    o := &Options{
        ...
```

```
    }
    ...
    return o, nil
}
```

由 NewOptions () 函数的定义可知，其核心逻辑是首先获得 cfg、hhost 和 hport，然后用 cfg、hhost 和 hport 对 Options 结构体进行初始化。Options 结构体的定义文件为 kubernetes/cmd/ kube-scheduler/app/options/options.go。

Options 结构体的定义具体如下所示。

```
type Options struct {
    ComponentConfig kubeschedulerconfig.KubeSchedulerConfiguration

    SecureServing             *apiserveroptions.SecureServingOptionsWithLoopback
    CombinedInsecureServing   *CombinedInsecureServingOptions
    Authentication            *apiserveroptions.DelegatingAuthenticationOptions
    Authorization             *apiserveroptions.DelegatingAuthorizationOptions
    Deprecated                *DeprecatedOptions

    ConfigFile string

    WriteConfigTo string

    Master string
}
```

该结构体的主要作用是对 Kube-scheduler 组件进行相关配置。我们从各属性的名字可以明确地知道各属性的作用。

cmd := &cobra.Command{} 定义具体如下所示。

```
cmd := &cobra.Command{
        ...
        Run: func(cmd *cobra.Command, args []string) {
            if err := runCommand(cmd, args, opts, registryOptions...); err
                != nil {
                fmt.Fprintf(os.Stderr, "%v\n", err)
                os.Exit(1)
            }
        }
    }
```

该函数主要做了一件事，err := runCommand(cmd, args, opts, registryOptions...) 根据处理好的参数，设置 Kube-scheduler 组件的运行函数，即 runCommand () 函数。

至此，Kube-scheduler 组件的源码入口分析就结束了。有需要的读者可以在本节的基础上进行深入分析。

### 7.3.5 Kubelet

Kubelet 组件的源码入口为目录 kubernetes/cmd/kubelet 下的 kubelet.go 文件，具体如图 7-16 所示。

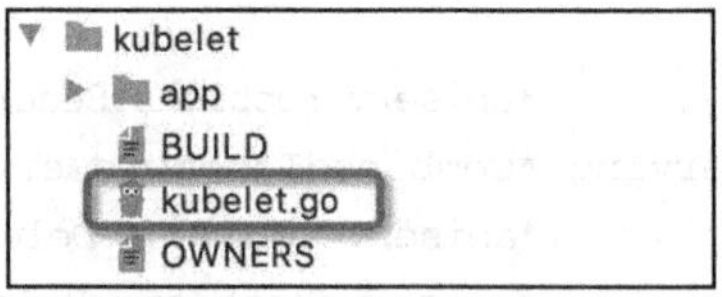

图 7-16 Kubelet 组件的源码入口文件

Kubelet 组件的源码入口核心逻辑如下所示。

```
import (
    ...
    "k8s.io/kubernetes/cmd/Kubelet/app"
)

func main() {
    ...

    command := app.NewKubeletCommand()
    ...
    if err := command.Execute(); err != nil {
        os.Exit(1)
    }
}
```

上述代码中，kubelet.go 只是 Kubelet 组件的启动入口，推测主要业务逻辑实现应该在 kubernetes/cmd/Kubelet/app。语句 command := app.NewKubeletCommand() 中 NewKubeletCommand () 函数的定义文件为 kubernetes/cmd/Kubelet/app/server.go。

NewKubeletCommand () 函数定义具体如下所示。

```
func NewKubeletCommand() *cobra.Command {
    cleanFlagSet := pflag.NewFlagSet(componentKubelet, pflag.ContinueOnError)
    cleanFlagSet.SetNormalizeFunc(cliflag.WordSepNormalizeFunc)
    KubeletFlags := options.NewKubeletFlags()
    KubeletConfig, err := options.NewKubeletConfiguration()
    ...
    cmd := &cobra.Command{
        ...
        Run: func(cmd *cobra.Command, args []string) {
            ...
            if err := Run(KubeletServer, KubeletDeps, utilfeature.
                DefaultFeatureGate, stopCh); err != nil {
                klog.Fatal(err)
            }
        }
    }
    ...
    return cmd
}
```

该函数主要做了如下两件事。

1）创建并初始化 Kubelet 组件的各种配置选项。

2）cmd := &cobra.Command{} 初始化 Kubelet 组件的启动函数，并对其进行设置。

接下来，对 cmd := &cobra.Command{} 展开分析。

cmd := &cobra.Command{} 定义具体如下所示。

```
cmd := &cobra.Command{
        ...
        Run: func(cmd *cobra.Command, args []string) {
            ...
            if err := Run(KubeletServer, KubeletDeps, utilfeature.
                DefaultFeatureGate, stopCh); err != nil {
                klog.Fatal(err)
            }
        }
    }
```

该函数主要做了一件事，err := Run(KubeletServer, KubeletDeps, utilfeature.DefaultFeatureGate, stopCh) 根据处理好的参数，设置 Kubelet 组件的运行函数，即 Run () 函数。

至此，Kubelet 组件的源码入口分析就结束了。有需要的读者可以在本节的基础上进行深入分析。

### 7.3.6 Kube-proxy

Kube-proxy 组件的源码入口为目录 kubernetes/cmd/kube-proxy 下的 proxy.go 文件，具体如图 7-17 所示。

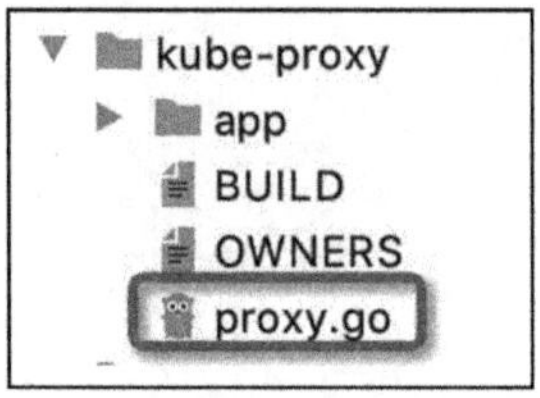


图 7-17 Kube-proxy 组件的源码入口文件

Kube-proxy 组件的源码入口核心逻辑如下所示。

```
import (
    ...
    "k8s.io/Kubernetes/cmd/kube-proxy/app"
)

func main() {
    ...
    command := app.NewProxyCommand()
    ...
    if err := command.Execute(); err != nil {
        os.Exit(1)
    }
}
```

上述代码中，proxy.go 只是 Kube-proxy 组件的启动入口，推测主要业务逻辑实现应该在 kubernetes/cmd/proxy/app 中。语句 command := app.NewProxyCommand() 中 NewProxyCommand() 函数的定义文件为 kubernetes/cmd/kube-proxy/app/server.go。

NewProxyCommand() 函数定义具体如下所示。

```
func NewProxyCommand() *cobra.Command {
    opts := NewOptions()

    cmd := &cobra.Command{
        ...
        Run: func(cmd *cobra.Command, args []string) {
            verflag.PrintAndExitIfRequested()
            utilflag.PrintFlags(cmd.Flags())

            if err := initForOS(opts.WindowsService); err != nil {
                klog.Fatalf("failed OS init: %v", err)
            }

            if err := opts.Complete(); err != nil {
                klog.Fatalf("failed complete: %v", err)
            }
            if err := opts.Validate(args); err != nil {
                klog.Fatalf("failed validate: %v", err)
            }

            if err := opts.Run(); err != nil {
                klog.Exit(err)
            }
        }
    }
    ...
    return cmd
}
    return cmd
}
```

该函数主要做了如下两件事。

1）opts := NewOptions()：初始化 Kube-proxy 组件的运行时配置选项。

2）cmd := &cobra.Command{}：初始化 Kube-proxy 组件的启动函数，并对其进行设置。

接下来，我们对这两件事展开分析。

opts := NewOptions () 函数定义具体如下所示。

```
func NewOptions() *Options {
    return &Options{
        config:      new(kubeproxyconfig.KubeProxyConfiguration),
        healthzPort: ports.ProxyHealthzPort,
        metricsPort: ports.ProxyStatusPort,
        CleanupIPVS: true,
        errCh:       make(chan error)
    }
}
```

该函数只做一件事，那就是对 Options 结构体进行初始化。Options 结构体的定义文件为 kubernetes/cmd/kube-proxy/app/server.go。

Options 结构体定义具体下所示。

```
type Options struct {
    ConfigFile string
    WriteConfigTo string
    CleanupAndExit bool
    CleanupIPVS bool
    WindowsService bool
    config *kubeproxyconfig.KubeProxyConfiguration
    watcher filesystem.FSWatcher
    proxyServer proxyRun
    errCh chan error
    master string
    healthzPort int32
    metricsPort int32
    hostnameOverride string
}
```

该结构体的属性包含 Kube-proxy 组件运行时所需的所有配置。

cmd := &cobra.Command{} 定义具体如下所示。

```
cmd := &cobra.Command{
    ...
    Run: func(cmd *cobra.Command, args []string) {
```

```
        ...

        if err := opts.Complete(); err != nil {
            klog.Fatalf("failed complete: %v", err)
        }
            if err := opts.Validate(args); err != nil {
            klog.Fatalf("failed validate: %v", err)
        }

        if err := opts.Run(); err != nil {
            klog.Exit(err)
        }
    }
}
```

该函数主要做了两件事。

1）设置 Kube-proxy 组件运行所需的参数，并校验。

2）err := opts.Run() 根据处理好的参数，设置 Kube-proxy 组件的运行函数，即 Run () 函数。

至此，Kube-proxy 组件的源码入口分析就结束了。

## 7.4 本章小结

本章从搭建开发环境、安装在其中用到的相关工具着手，分析了 Kubernetes 源码的整体结构、各源码目录的作用、各组件的源码入口和相关调用流程。下一章将对边缘计算系统的边缘部分解决方案 KubeEdge 的源码进行分析。

第 8 章 Chapter 8

# 边缘部分源码分析

本章首先搭建开发环境，然后安装相关工具，最后分析 KubeEdge 源码的整体结构、各源码目录的作用、各组件的源码入口和源码调用流程。

## 8.1 搭建开发环境

KubeEdge 开发环境的搭建与 7.1 节高度相似，读者可以参考该部分。

## 8.2 源码整体架构分析

KubeEdge 中的组件及组件关系在 5.1 节已经具体讲述，这里不再赘述。本节首先针对各源码目录的作用和相互之间的关系进行梳理，然后分析各组件之间共用的框架和功能，最后分析组件中各模块之间共用的框架和功能。

### 8.2.1 源码目录及组件源码入口

KubeEdge 源码目录如图 8-1 所示。

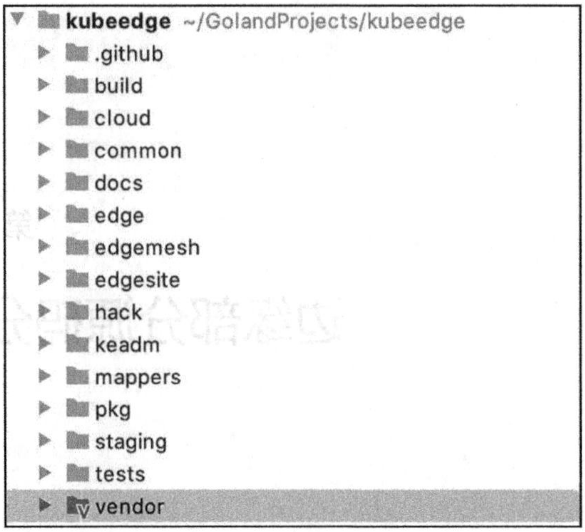


图 8-1 KubeEdge 源码目录结构

由图 8-1 可知，KubeEdge 源码目录包括 build、cloud、common、docs、edge、edgemesh、edgesite、hack、keadm、mappers、pkg、staging、tests 和 vendor。下面通过表 8-1 对它们存放的内容和作用进行详细说明。

表 8-1 KubeEdge 源码目录结构说明

| 目录名称 | 存放的内容与作用 | 备注 |
| --- | --- | --- |
| build | 存放部署 KubeEdge 项目所需的 yaml 文件和相关示例。该目录下包括 admission、cloud、crd-samples、crds、csidriver、csisamples、edge、edgesite 和 tools 等子目录 | |
| cloud | 存放 KubeEdge 的 CloudCore 组件的源码 | |
| common | 存放 KubeEdge 项目中共用的源码文件，主要包括常量和类型 | |
| docs | 存放 KubeEdge 的相关文档，包括 KubeEdge 的快速部署教程，KubeEdge 的源码贡献教程，各功能模块的原理解析、说明和常见故障排除方法等 | |
| edge | 存放 KubeEdge 的 EdgeCore 组件的源码 | |
| edgemesh | 存放 KubeEdge 的边缘集群解决方案 EdgeSite 的源码 | 目前比较初级，适用的场景有限 |
| edgesite | 存放 KubeEdge 的网络解决方案 EdgeMesh 的源码 | 目前比较初级，适用的场景有限 |
| hack | 存放 KubeEdge 项目需要的所有 shell 脚本。这些脚本主要用来自动化安装依赖、校验环境和依赖、编译等 | |

（续）

| 目录名称 | 存放的内容与作用 | 备　注 |
| --- | --- | --- |
| keadm | 存放自动化安装 KubeEdge 的命令行工具。通过该命令行工具，可以实现 Docker、Kubernetes 和 KubeEdge 的相关组件的安装自动化 | |
| mappers | 存放 KubeEdge 项目中与终端设备交互组件的源码 | |
| pkg | 存放 KubeEdge 项目中不同组件之间共用的业务逻辑 | |
| staging | 存放 KubeEdge 项目中用到的消息通信框架 BeeHive 的源码 | |
| tests | 存放 KubeEdge 项目中与测试相关的内容，包括端到端测试、性能测试和功能模拟测试等 | |
| vendor | 存放 KubeEdge 项目中用到的源码依赖 | |

在源码层面，KubeEdge 的核心独立组件包括 CloudCore、EdgeCore、EdgeMesh、EdgeSite、Mapper 和 Keadm，具体如表 8-2 所示。

表 8-2　KubeEdge 的核心独立组件

| 组件名 | 组件功能 | 备　注 |
| --- | --- | --- |
| CloudCore | Cloud 部分各功能模块的集合 | |
| EdgeCore | Edge 部分各功能模块的集合 | |
| EdgeMesh | 服务网格解决方案 | 源码目录中缺少 makefile 文件 |
| EdgeSite | 边缘独立集群解决方案 | |
| Mapper | 物联网协议实现包 | 本源码分析系列不涉及 |
| Keadm | KubeEdge 的一键部署工具 | 目前支持 Unbuntu 操作系统，本源码分析系列不涉及 |

以上组件中的 CloudCore、EdgeCore、EdgeMesh 和 EdgeSite 具有类似的代码结构，具体如表 8-3 所示。

表 8-3　KubeEdge 的核心独立组件源码入口文件

| 组件名 | 代码目录 | 组件启动入口 |
| --- | --- | --- |
| CloudCore | kubeedge/cloud | kubeedge/cloud/cloudcore/cloudcore.go、kubeedge/cloud/admission/admission.go、kubeedge/cloud/csidriver/csidriver.go |
| EdgeCore | kubeedge/edge | kubeedge/edge/cmd/edgecore/edgecore.go |
| EdgeMesh | kubeedge/edgemesh | kubeedge/edgemesh/cmd/edgemesh.go |
| EdgeSite | kubeedge/edgesite | kubeedge/edgesite/cmd/edgesite.go |

CloudCore、EdgeCore、EdgeMesh 和 EdgeSite 组件的源码中都使用了命令行框架 Cobra (https://GitHub.com/spf13/cobra) , 具体如下。

### 1 . CloudCore 源码入口

CloudCore 源码入口为 kubeedge/cloud/cloudcore/cloudcore.go。CloudCore 源码入口函数具体如下所示。

```
func main() {
    command := app.NewCloudCoreCommand() //此函数是对cobra调用的封装
    ...
}
```

app.NewCloudCoreCommand() 函数内部，也就是 kubeedge/cloud/cloudcore/app/server.go 中的 NewCloudCoreCommand() 函数具体如下所示。

```
func NewCloudCoreCommand() *cobra.Command {
        ...
        cmd := &cobra.Command{
            ...
            Run: func(cmd *cobra.Command, args []string) {
            ...
            registerModules() //注册CloudCore中的功能模块
            core.Run() //启动已注册的CloudCore中的功能模块
        }
    }
    ...
}
```

NewCloudCoreCommand() 函数通过 registerModules() 函数注册 CloudCore 中的功能模块，并通过 core.Run() 函数启动已注册的 CloudCore 中的功能模块。至于 registerModules() 函数注册了哪些功能模块，core.Run() 函数怎么启动已注册功能模块详见 8.2.3 节。

注意　kubeedge/cloud/admission/admission.go、kubeedge/cloud/csidriver/csidriver.go 这两个入口，目前还没有用到，暂不分析。

### 2. EdgeCore 源码入口

EdgeCore 源码入口为 kubeedge/edge/cmd/edgecore/edgecore.go。

EdgeCore 源码入口函数具体如下所示。

```
func main() {
        command := app.NewEdgeCoreCommand()//此函数是对cobra调用的封装
        ...
    }
```

app.NewEdgeCoreCommand() 函数内部，也就是 kubeedge/edge/cmd/edgecore/app/server.go 中的 NewEdgeCoreCommand() 函数，具体如下所示。

```
func NewEdgeCoreCommand() *cobra.Command {
            ...
            cmd := &cobra.Command{
                ...
                Run: func(cmd *cobra.Command, args []string) {
                ...
                registerModules() //注册CloudCore中的功能模块
                core.Run() //启动已注册的CloudCore中的功能模块
            }
        }
    ...
}
```

NewEdgeCoreCommand() 函数通过 registerModules() 函数注册 EdgeCore 中的功能模块，通过 core.Run() 函数启动已注册的 EdgeCore 中的功能模块。

### 3. EdgeMesh 源码入口

EdgeMesh 源码入口为 kubeedge/edgemesh/cmd/edgemesh.go。

EdgeMesh 源码入口函数具体如下所示。

```
func main() {

    ...
    pkg.Register()          //注册EdgeMesh的功能模块

    server.StartTCP()      //启动一个TCP服务
}
```

从 main() 函数中可以看到，EdgeMesh 没有使用 Cobra，而是直接注册功能模块，然后启动一个 TCP 服务。

#### 4. EdgeSite 源码入口

EdgeSite 源码入口为 kubeedge/edgesite/cmd/edgesite.go。

EdgeSite 源码入口函数具体如下所示。

```
func NewEdgeSiteCommand() *cobra.Command {
        cmd := &cobra.Command{
            ...
            Run: func(cmd *cobra.Command, args []string) {
            ...
            registerModules()   //注册CloudCore中的功能模块
            core.Run()          //启动已注册的CloudCore中的功能模块
        }
    }
    ...
}
```

NewEdgeSiteCommand() 函数通过 registerModules() 函数注册 EdgeSite 中的功能模块，通过 core.Run() 函数启动已注册的 EdgeSite 中的功能模块。

至此，组件（CloudCore、EdgeCore、EdgeMesh 和 EdgeSite）层面的源码共用框架和功能分析就结束了。下面深入分析组件中各功能模块的共用框架和功能。

### 8.2.2 组件中各功能模块的共用框架和功能分析

KubeEdge 组件中各个功能模块之间是通过 BeeHive 来组织和管理的。BeeHive 是一个基于 Go-channel 的消息框架。但本文的重点不是 BeeHive，所以只会分析 KubeEdge 中用到的 BeeHive 的相关功能。下面深入 CloudCore、EdgeCore、EdgeMesh 和 EdgeSite 组件，探究组件内部各功能模块的共用框架。

8.2.1 节已经分析 CloudCore 中功能模块的注册和已注册功能模块的启动，本节接着往下分析。

### 1. CloudCore 组件中各功能模块的共用框架

（1）CloudCore 组件中各功能模块的注册

CloudCore 组件中各功能模块的注册具体如下所示。

```
func registerModules() {
    cloudhub.Register()
    edgecontroller.Register()
    devicecontroller.Register()
}
```

从 registerModules() 函数中，我们可以知道 CloudCore 中有 CloudHub、EdgeController 和 DeviceController 共 3 个功能模块。

Register() 函数定义具体如下所示。

```
func Register() {
    core.Register(&cloudHub{})
}
```

kubeedge/cloud/pkg/cloudhub/cloudhub.go 文件中的 Register() 函数只是调用了 kubeedge/beehive/pkg/core/module.go 中的 Register() 函数。

core.Register(&cloudHub{}) 函数定义具体如下所示。

```
...
var (
    modules         map[string]Module
    disabledModules map[string]Module
)
...
func Register(m Module) {
    if isModuleEnabled(m.Name()) {
        modules[m.Name()] = m
        klog.Infof("Module %v registered", m.Name())
    } else {
        disabledModules[m.Name()] = m
        klog.Warningf("Module %v is not register, please check modules.
            yaml",m.Name())
    }
}
```

从上面的变量和函数定义可以清楚地看到，CloudHub 模块注册时最终会将该模块的结构体放入一个 map[string]Module 类型的全局变量 modules 中。

按照 CloudHub 模块注册的思路分析，EdgeController 和 DeviceController 也做了相同的事情，最终把各自的结构体放入一个 map[string]Module 类型的全局变量 modules 中。

CloudHub、EdgeController 和 DeviceController 三个功能模块之所以能够采用相同的注册流程，是因为它们都实现了 kubeedge/beehive/pkg/core/module.go 中的 Module 接口。

Module 接口定义具体如下所示。

```
type Module interface {
    Name() string
    Group() string
    Start(c *context.Context)
    Cleanup()
}
```

我们可以分别在 kubeedge/cloud/pkg/cloudhub/cloudhub.go、kubeedge/cloud/pkg/controller/controller.go、kubeedge/cloud/pkg/devicecontroller/module.go 中找到 CloudHub、EdgeController 和 DeviceController 三个功能模块对 Module 接口的具体实现。

（2）CloudCore 中功能模块的启动

CloudCore 中功能模块的启动具体如下所示。

```
func Run() {
    StartModules()
    GracefulShutdown()
}
```

上述代码中，通过 StartModules() 函数启动已经注册的模块，通过 GracefulShutdown() 函数将模块优雅地停止。至于如何启动和停止，我们需要进入 GracefulShutdown() 函数一探究竟。

StartModules() 函数定义具体如下所示。

```
func StartModules() {
    coreContext := context.GetContext(context.MsgCtxTypeChannel)

    modules := GetModules()
    for name, module := range modules {
        coreContext.AddModule(name)
        coreContext.AddModuleGroup(name, module.Group())
        go module.Start(coreContext)
        klog.Infof("Starting module %v", name)
    }
}
```

从上面 StartModules() 函数的定义可以清楚地知道，该函数首先获得已经注册的模块，然后通过一个 for 循环启动所有的模块。

各模块的启动过程如下所示。

```
func GracefulShutdown() {
    c := make(chan os.Signal)
    signal.Notify(c, syscall.SIGINT, syscall.SIGHUP, syscall.SIGTERM,
    syscall.SIGQUIT, syscall.SIGILL, syscall.SIGTRAP, syscall.SIGABRT)
    select {
    case s := <-c:
        klog.Infof("Get os signal %v", s.String())
        modules := GetModules()
        for name, module := range modules {
            klog.Infof("Cleanup module %v", name)
            module.Cleanup()
        }
    }
}
```

GracefulShutdown() 函数与 StartModules() 函数的逻辑类似，也是首先获得已经注册的模块，然后通过一个 for 循环关闭所有的模块。

### 2. EdgeCore 组件中各功能模块的共用框架

（1）EdgeCore 组件中各功能模块的注册

在 8.2.2 节的 EdgeCore 源码入口部分，我们已经分析 EdgeCore 中功能模块的注册和已注册功能模块的启动，下面接着往下分析。

EdgeCore 中功能模块的注册具体如下所示。

```
func registerModules() {
    devicetwin.Register()
    edged.Register()
    edgehub.Register()
    eventbus.Register()
    edgemesh.Register()
    metamanager.Register()
    servicebus.Register()
    test.Register()
    dbm.InitDBManager()
}
```

我们从 registerModules() 函数可以知道，EdgeCore 中有 DeviceTwin、Edged、EdgeHub、EventBus、EdgeMesh、MetaManager、ServiceBus 和 Test 共 8 个功能模块，还有一个 dbm.InitDBManager() 函数。Register() 函数定义具体如下所示：

```
func Register() {
    dtclient.InitDBTable()
    dt := DeviceTwin{}
    core.Register(&dt)
}
```

kubeedge/edge/pkg/devicetwin/devicetwin.go 中的 Register() 函数只是调用了 kubeedge/beehive/pkg/core/module.go 中的 Register() 函数。下面继续探究 core.Register(&dt) 函数。

core.Register(&dt) 函数定义具体如下所示。

```
...
var (
    modules         map[string]Module
    disabledModules map[string]Module
)
...
func Register(m Module) {
    if isModuleEnabled(m.Name()) {
        modules[m.Name()] = m
        klog.Infof("Module %v registered", m.Name())
```

```
        } else {
            disabledModules[m.Name()] = m
            klog.Warningf("Module %v is not register, please check modules.
                yaml",m.Name())
        }
    }
```

上述代码中，DeviceTwin 模块注册时最终会将该模块的结构体放入 map[string]Module 类型的全局变量 modules 中。

按照 CloudHub 模块注册的思路分析，Edged、Edgehub、Eventbus、EdgeMesh、MetaManager、ServiceBus 和 Test 也做了相同的事情，最终把各自的结构体放入 map[string]Module 类型的全局变量 modules 中。

这 8 个功能模块之所以能够采用相同的注册流程，是因为它们都实现了 kubeedge/beehive/pkg/core/module.go 中的 Module 接口。Module 接口定义具体如下所示。

```
type Module interface {
    Name() string
    Group() string
    Start(c *context.Context)
    Cleanup()
}
```

我们可以分别在 kubeedge/edge/pkg/devicetwin/devicetwin.go、kubeedge/edge/pkg/edged/edged.go、kubeedge/edge/pkg/edgehub/module.go、kubeedge/edge/pkg/eventbus/event_bus.go、kubeedge/edge/pkg/edgemesh/module.go、kubeedge/edge/pkg/metamanager/module.go、kubeedge/edge/pkg/servicebush/servicebus.go、kubeedge/edge/pkg/test/test.go 中找到 DevicetWin、Edged、EdgeHub、EventBus、EdgeMesh、MetaManager、ServiceBus 和 Test 这 8 个功能模块对 Module 接口的具体实现。

（2）EdgeCore 中功能模块的启动

EdgeCore 中功能模块的启动与 CloudCore 中的功能模块的启动流程完全相同，大家可以参考该部分。

# 8.3 组件源码分析

## 8.3.1 配置文件读取

截至目前，我们已经分析了 KubeEdge 源码整体架构以及 KubeEdge 项目中各组件的源码入口。本节将分析 KubeEdge 项目中 CloudCore 和 EdgeCore 组件都会用到的读取配置文件的逻辑。

KubeEdge 各模块的配置文件读取时使用的库是相同的，流程也是高度相似的。所以，这里只对 KubeEdge 中 CloudHub 模块的配置文件读取的流程进行深入剖析。关于其他模块的配置文件的读取，读者可以在本节的基础上自行剖析。

（1）配置文件读取流程剖析

从 CloudCore 组件的 CloudHub 模块的配置初始化切入，对 KubeEdge 的配置文件读取流程进行剖析，具体如下所示。

```
kubeedge/cloud/edge/pkg/cloudhub/cloudhub.go
    func (a *cloudHub) Start(c *beehiveContext.Context) {
        ...
        initHubConfig()
        ...
    }
```

initHubConfig() 函数定义具体如下所示。

```
kubeedge/cloud/pkg/cloudhub/cloudhub.go
    import(
    ...
    "GitHub.com/KubeEdge/beehive/pkg/common/config"
    ...
    )

    func initHubConfig() {
        cafile, err := config.CONFIG.GetValue("cloudhub.ca").ToString()
        ...
        certfile, err := config.CONFIG.GetValue("cloudhub.cert").ToString()
        ...
```

```
    keyfile, err := config.CONFIG.GetValue("cloudhub.key").ToString()
    ...

    util.HubConfig.ProtocolUDS, _ = config.CONFIG.GetValue("cloudhub.
        enable_uds").ToBool()

    util.HubConfig.Address, _ = config.CONFIG.GetValue("cloudhub.
        address").ToString()
    util.HubConfig.Port, _ = config.CONFIG.GetValue("cloudhub.port").ToInt()
    util.HubConfig.QuicPort, _ = config.CONFIG.GetValue("cloudhub.
        quic_port").ToInt()
    util.HubConfig.MaxIncomingStreams, _ = config.CONFIG.
        GetValue("cloudhub.max_incomingstreams").ToInt()
    util.HubConfig.UDSAddress, _ = config.CONFIG.GetValue("cloudhub.
        uds_address").ToString()
    util.HubConfig.KeepaliveInterval, _ = config.CONFIG.
        GetValue("cloudhub.keepalive-interval").ToInt()
    util.HubConfig.WriteTimeout, _ = config.CONFIG.GetValue("cloudhub.
        write-timeout").ToInt()
    util.HubConfig.NodeLimit, _ = config.CONFIG.GetValue("cloudhub.
        node-limit").ToInt()

    ...
}
```

根据 initHubConfig() 函数定义和相关导入可知，config 是导入的包，真正起作用的是 config.CONFIG。config.CONFIG 的定义如下所示。

```
kubeedge/beehive/pkg/common/config/config.go
    // CONFIG conf
    var CONFIG archaius.ConfigurationFactory
```

上述代码中，config.CONFIG 是定义的一个 archaius.ConfigurationFactory 类型的全局变量。至此，读者会疑惑只定义一个全局变量怎么读取配置文件？肯定会有函数对这个全局变量进行赋值。根据以往经验，这样的全局变量会被所在文件的 init() 函数初始化。检查该变量所在文件的 init() 函数，具体如下所示。

```
kubeedge/beehive/pkg/common/config/config.go
```

```
func init() {
    InitializeConfig()
}
```

InitializeConfig() 函数定义具体如下所示。

```
kubeedge/beehive/pkg/common/config/config.go
    import (
        ...
        archaius "GitHub.com/go-chassis/go-archaius"
        ...
    )
    func InitializeConfig() {
        once.Do(func() {
            err := archaius.Init()
            ...
            CONFIG = archaius.GetConfigFactory()
            ms := memoryconfigsource.NewMemoryConfigurationSource()
            CONFIG.AddSource(ms)

            cmdSource := commandlinesource.NewCommandlineConfigSource()
            CONFIG.AddSource(cmdSource)

            envSource := envconfigsource.NewEnvConfigurationSource()
            CONFIG.AddSource(envSource)
            confLocation := getConfigDirectory() + "/conf"
            _, err = os.Stat(confLocation)
            if !os.IsExist(err) {
                os.Mkdir(confLocation, os.ModePerm)
            }
            err = filepath.Walk(confLocation, func(location string, f
              os.FileInfo, err error) error {
                if f == nil {
                    return err
                }
                if f.IsDir() {
                    return nil
                }
                ext := strings.ToLower(path.Ext(location))
                if ext == ".yml" || ext == ".yaml" {
```

```
                archaius.AddFile(location)
            }
            return nil
        })
        ...
    })
}
```

上述代码中，InitializeConfig() 函数对 config.CONFIG 进行了赋值，并且读取了配置文件内容。

（2）配置模块初始化

配置模块初始化具体如下所示。

```
err := archaius.Init()
...
CONFIG = archaius.GetConfigFactory()
```

（3）获取内存配置源

获取内存配置源具体如下所示。

```
ms := memoryconfigsource.NewMemoryConfigurationSource()
CONFIG.AddSource(ms)
```

（4）获取命令行配置源

获取命令行配置源具体如下所示。

```
cmdSource := commandlinesource.NewCommandlineConfigSource()
CONFIG.AddSource(cmdSource)
```

（5）获取环境变量配置源

获取环境变量配置源具体如下所示。

```
envSource := envconfigsource.NewEnvConfigurationSource()
CONFIG.AddSource(envSource)
```

（6）根据配置文件路径获取配置源

根据配置文件路径获取配置源具体如下所示。

```
confLocation := getConfigDirectory() + "/conf"
_, err = os.Stat(confLocation)
if !os.IsExist(err) {
    os.Mkdir(confLocation, os.ModePerm)
}
err = filepath.Walk(confLocation, func(location string, f os.FileInfo, err
   error) error {
        if f == nil {
            return err
        }
        if f.IsDir() {
            return nil
        }
        ext := strings.ToLower(path.Ext(location))
        if ext == ".yml" || ext == ".yaml" {
            archaius.AddFile(location)
        }
        return nil
    })
    ...
})
```

目前，KubeEdge所用的读取配置文件的方式是根据配置文件路径获取配置源的。下面深入剖析配置文件的读取方式，首先确定配置文件所在的路径。getConfigDirectory()函数定义具体如下所示。

```
kubeedge/beehive/pkg/common/config/config.go
    const (
        ParameterConfigPath      = "config-path"
        EnvironmentalConfigPath = "GOARCHAIUS_CONFIG_PATH"
    )
    ...
    func getConfigDirectory() string {
        if config, err := CONFIG.GetValue(ParameterConfigPath).ToString();
            err == nil {
            return config
        }

        if config, err := CONFIG.GetValue(EnvironmentalConfigPath).
            ToString(); err == nil {
```

```
        return config
    }

    return util.GetCurrentDirectory()
}
```

getConfigDirectory() 函数获取配置文件所在路径的方式有如下 3 种。

1）根据 ParameterConfigPath 获取配置文件所在路径，具体如下所示。

```
func getConfigDirectory() string {
    if config, err := CONFIG.GetValue(ParameterConfigPath).ToString(); err
        == nil {
        return config
    }
```

2）根据 EnvironmentalConfigPath 获取配置文件所在路径，具体如下所示。

```
if config, err := CONFIG.GetValue(EnvironmentalConfigPath).ToString(); err
    == nil {
    return config
}
```

3）根据可执行文件所在的当前目录获取配置文件所在路径，具体如下所示。

```
return util.GetCurrentDirectory()
```

接着分析怎么读入配置文件，具体如下所示。

```
KubeEdge/beehive/pkg/common/config/config.go
    confLocation := getConfigDirectory() + "/conf"
    _, err = os.Stat(confLocation)
    if !os.IsExist(err) {
        os.Mkdir(confLocation, os.ModePerm)
    }
    err = filepath.Walk(confLocation, func(location string, f os.FileInfo,
       err error) error {
        if f == nil {
            return err
        }
        if f.IsDir() {
            return nil
```

```
            }
            ext := strings.ToLower(path.Ext(location))
            if ext == ".yml" || ext == ".yaml" {
                archaius.AddFile(location)
            }
            return nil
        })
        ...
})
```

在获取了配置文件所在的目录 confLocation 后，接着进行如下操作。

1）判断目录是否存在，如果不存在创建该目录，具体如下所示。

```
confLocation := getConfigDirectory() + "/conf"
_, err = os.Stat(confLocation)
if !os.IsExist(err) {
    os.Mkdir(confLocation, os.ModePerm)
}
```

2）遍历配置文件目录下符合条件的文件，加入配置信息源，具体如下所示。

```
err = filepath.Walk(confLocation, func(location string, f os.FileInfo, err
   error) error {
        if f == nil {
            return err
        }
        if f.IsDir() {
            return nil
        }
        ext := strings.ToLower(path.Ext(location))
        if ext == ".yml" || ext == ".yaml" {
            archaius.AddFile(location)
        }
        return nil
    })
    ...
})
```

到此，config.CONFIG 就获取了 KubeEdge 所需配置文件内容。

### 8.3.2 CloudCore

本节将对 CloudCore 进行剖析，对 CloudCore 组件中功能模块共用的消息框架和各功能模块的具体功能进行深入剖析，具体包括 CloudCore 组件中各功能模块通信的消息框架以及 CloudHub、EdgeController、DeviceController 功能模块剖析。

### 1. CloudCore 组件中各功能模块通信的消息框架

CloudCore 组件中的各个功能模块是通过 BeeHive 来组织和管理的。BeeHive 消息框架是在 CloudCore 组件中的功能模块启动的时候启动的，具体如下所示。

```
kubeedge/beehive/pkg/core/core.go
    import (
        ...
        "GitHub.com/KubeEdge/beehive/pkg/core/context"
    )

    func StartModules() {
        coreContext := context.GetContext(context.MsgCtxTypeChannel)

        modules := GetModules()
        for name, module := range modules {
            coreContext.AddModule(name)
            coreContext.AddModuleGroup(name, module.Group())
            go module.Start(coreContext)
            klog.Infof("Starting module %v", name)
        }
    }
```

上述代码中，在 CloudCore 组件中的功能模块启动之前，首先实例化一个 BeeHive 的 Context，然后再获得各功能模块，最后用一个 for 循环逐个启动功能模块，并将已实例化的 BeeHive 的 Context 作为参数，传入每个功能模块的启动函数。这样，CloudCore 组件中独立的功能模块就被 BeeHive 的 Context 组成一个统一的整体。至于 BeeHive 的 Context 是怎么做到的，还需要进入 BeeHive 的 Context 的实例化函数 context.GetContext() 一探究竟。

context.GetContext() 函数定义具体如下所示。

```
kubeedge/beehive/pkg/core/context/contex_factory.go
    func GetContext(contextType string) *Context {
        once.Do(func() {
            context = &Context{}
```

```
            switch contextType {
            case MsgCtxTypeChannel:
                channelContext := NewChannelContext()
                context.messageContext = channelContext
                context.moduleContext = channelContext
            default:
                klog.Warningf("Do not support context type:%s", contextType)
            }
        })
        return context
    }
```

context.GetContext() 函数定义中的第 3 行 context = &Context{} 实例化了一个空 Context。下面我们分析该实例化的 Context。Context 结构体具体如下所示。

```
kubeedge/beehive/pkg/core/context/context.go
    type Context struct {
        moduleContext  ModuleContext
        messageContext MessageContext
    }

    type ModuleContext interface {
        AddModule(module string)
        AddModuleGroup(module, group string)
        Cleanup(module string)
    }

    type MessageContext interface {
        Send(module string, message model.Message)
        Receive(module string) (model.Message, error)
        SendSync(module string, message model.Message, timeout time.
            Duration)(model.Message, error)
        SendResp(message model.Message)
        SendToGroup(moduleType string, message model.Message)
        SendToGroupSync(moduleType string, message model.Message, timeout
             time.Duration) error
    }
```

从上面的 Context 结构体可以看出，该 Context 的两个属性——moduleContext 和 messageContext。它们都是 interface 类型，所以可以断定该 Context 不是真身。从函数 GetContext()（KubeEdge/beehive/pkg/core/context/context.go）继续往下看，在第 6 行 channelContext := NewChannelContext() 中有一个 Context 实例化函数 NewChannelContext()。下面进入该函数的定义去看一下它是不是真身。

ChannelContext 结构体定义如下所示。

```
kubeedge/beehive/pkg/core/context/context.go
    type ChannelContext struct {
        channels     map[string]chan model.Message
        chsLock      sync.RWMutex
        typeChannels map[string]map[string]chan model.Message
        typeChsLock  sync.RWMutex
        anonChannels map[string]chan model.Message
        anonChsLock  sync.RWMutex
    }
```

上述代码中，ChannelContext() 函数实现了 Context 结构体中（KubeEdge/beehive/pkg/core/context/context.go）包含的所有属性（ModuleContext，MessageContext）。毫无疑问，ChannelContext 结构体就是 CloudCore 中各功能模块相互通信的消息队列框架的真身了。

至于 ChannelContext 结构体在 CloudCore 中各功能模块是如何通信的，感兴趣的读者可以根据本文的梳理自己深入剖析。

## 2. CloudHub 功能模块剖析

CloudHub 功能模块启动函数的具体内容如下所示。

```
kubeedge/cloud/edge/pkg/cloudhub/cloudhub.go
    func (a *cloudHub) Start(c *beehiveContext.Context) {
        var ctx context.Context
        a.context = c
        ctx, a.cancel = context.WithCancel(context.Background())

        initHubConfig()

        messageq := channelq.NewChannelMessageQueue(c)

        go messageq.DispatchMessage(ctx)
```

```
        if util.HubConfig.ProtocolWebsocket {
            go servers.StartCloudHub(servers.ProtocolWebsocket, messageq, c)
        }

        if util.HubConfig.ProtocolQuic {
            go servers.StartCloudHub(servers.ProtocolQuic, messageq, c)
        }

        if util.HubConfig.ProtocolUDS {
            go udsserver.StartServer(util.HubConfig, c)
        }

    }
```

从以上 CloudHub 的启动函数 Start() 定义中，可以清晰地看出 CloudHub 在启动时主要做了如下几件事。

1）接收 beehiveContext.Context 的通信框架实例，并保存。

2）初始化 CloudHub 的配置。

3）对接收到的 beehiveContext.Context 的通信框架实例进行修饰，在原通信框架实例的基础上加入缓存功能。

4）启动一个消息分发的 Go 协程，监听云端的事件并下发到 Edge 端。

5）如果设置了 WebSocket 启动，就启动 WebSocket 服务器的 Go 协程。

6）如果设置了 QUIC 启动，就启动 QUIC 服务器的 Go 协程。

7）如果设置了 Unix 域套接字启动，就启动 Unix 域套接字服务器的 Go 协程。

以上内容说明如下。

1）WebSocket 服务器和 QUIC 服务器的功能是相同的。也就是说，两者可以选其一，如果条件允许的话，建议选 QUIC 服务器，速度更快一些。

2）Unix 域套接字是用来与 KubeEdge 的 CSI（Container Storage Interface，容器存储接口）通信的。

以上就是 CloudCore 组件中 CloudHub 功能模块的剖析。如果读者对 CloudHub 具体都做了哪些事，是怎么做的感兴趣，可以在本文基础上自行剖析。

### 3. EdgeController 功能模块剖析

EdgeController 功能模块启动函数具体如下所示。

```
kubeedge/cloud/pkg/edgecontroller/controller.go
    func (ctl *Controller) Start(c *beehiveContext.Context) {
        var ctx context.Context

        config.Context = c
        ctx, ctl.cancel = context.WithCancel(context.Background())

        initConfig()

        upstream, err := controller.NewUpstreamController()
        if err != nil {
            klog.Errorf("new upstream controller failed with error: %s", err)
            os.Exit(1)
        }
        upstream.Start(ctx)

        downstream, err := controller.NewDownstreamController()
        if err != nil {
            klog.Warningf("new downstream controller failed with error:
                %s", err)
            os.Exit(1)
        }
        downstream.Start(ctx)

    }
```

从以上 EdgeController 的启动函数 Start() 定义中，我们可以清晰地看出其在启动时主要做了如下几件事。

1）接收 beehiveContext.Context 的通信框架实例，并保存。

2）初始化 EdgeController 的配置。

3）实例化并启动 UpstreamController。

4）实例化并启动 DownstreamController。

下面深入分析 UpstreamController 和 DownstreamController 具体做了哪些事。

### 1. UpstreamController

顺着 UpstreamController 的实例化函数找到 UpstreamController 结构体定义，具体如下所示。

```
kubeedge/cloud/pkg/edgecontroller/upstream.go
    type UpstreamController struct {
        kubeClient   *Kubernetes.Clientset
        messageLayer messagelayer.MessageLayer

        nodeStatusChan             chan model.Message
        podStatusChan              chan model.Message
        secretChan                 chan model.Message
        configMapChan              chan model.Message
        serviceChan                chan model.Message
        endpointsChan              chan model.Message
        persistentVolumeChan       chan model.Message
        persistentVolumeClaimChan  chan model.Message
        volumeAttachmentChan       chan model.Message
        queryNodeChan              chan model.Message
        updateNodeChan             chan model.Message
    }
```

至此，读者可能疑惑 UpstreamController 是不是负责处理 Edge 节点上报的 NodeStatus、PodStatus、Secret、ConfigMap、Service、Endpoints、PersistentVolume、PersistentVolumeClaim、VolumeAttachment 等资源的信息。恭喜你猜对了，UpstreamController 的作用就在于此。

## 2. DownstreamController

顺着 DownstreamController 的实例化函数找到 DownstreamController 结构体定义，具体如下所示。

```
kubeedge/cloud/pkg/edgecontroller/downstream.go
    type DownstreamController struct {
        kubeClient   *Kubernetes.Clientset
        messageLayer messagelayer.MessageLayer

        podManager *manager.podManager


        configmapManager *manager.ConfigMapManager


        secretManager *manager.SecretManager
```

```
        nodeManager *manager.NodesManager

        serviceManager *manager.ServiceManager

        endpointsManager *manager.EndpointsManager

        lc *manager.LocationCache
    }
```

DownstreamController 的功能是监听云端 Pod、ConfigMap、Secret、Node、Service 和 Endpoints 等资源的事件，并下发到边缘节点。

### 3. DeviceController 功能模块剖析

DeviceController 功能模块启动函数具体如下所示。

```
kubeedge/cloud/pkg/devicecontroller/module.go
    func (dctl *DeviceController) Start(c *beehiveContext.Context) {
        var ctx context.Context
        config.Context = c

        ctx, dctl.cancel = context.WithCancel(context.Background())

        initConfig()

        downstream, err := controller.NewDownstreamController()
        if err != nil {
            klog.Errorf("New downstream controller failed with error: %s", err)
            os.Exit(1)
        }
        upstream, err := controller.NewUpstreamController(downstream)
        if err != nil {
            klog.Errorf("new upstream controller failed with error: %s", err)
            os.Exit(1)
        }

        downstream.Start(ctx)
        time.Sleep(1 * time.Second)
        upstream.Start(ctx)
    }
```

DeviceController 的启动函数和 EdgeController 的启动函数的逻辑基本相同，所以对于 DeviceController 的剖析，读者可以参考 EdgeController 剖析。

到此，KubeEdge 源码分析系列之 CloudCore 就全部结束了。大家在阅读 KubeEdge 的源码时，一定要时刻提醒自己 CloudCore 组件中的各模块可以通过 BeeHive 消息通信框架相互通信。

## 8.3.3 EdgeCore 之 Edged

下面对 EdgeCore 组件进行剖析，因为 EdgeCore 中的功能组件比较多，包括 DeviceTwin、Edged、EdgeHub、EventBus、EdgeMesh、MetaManager、ServiceBus 和 Test 共 8 个功能模块。限于篇幅，本文只对 Edged 的具体运行逻辑以及 Edged 调用容器运行时进行剖析。

### 1. Edged 的具体运行逻辑剖析

EdgeCore 模块注册函数具体如下所示。

```
kubeedge/edge/cmd/EdgeCore/app/server.go
    func registerModules() {
        ...
        edged.Register()
        ...
    }
```

registerModules() 函数中的 edged.Register() 具体如下所示。

```
kubeedge/edge/pkg/edged/edged.go
    func Register() {
        edged, err := newEdged()
        if err != nil {
            klog.Errorf("init new edged error, %v", err)
            return
        }
        core.Register(edged)
    }
```

Register() 函数主要做了如下两件事。

1）初始化 Edged。

2）注册已经实例化的 Edged 结构体。

下面深入剖析初始化 Edged 过程中具体做了哪些事情。newEdged() 函数具体内容如下所示。

```
kubeedge/edge/pkg/edged/edged.go
    func newEdged() (*edged, error) {
        conf := getConfig()
        backoff := flowcontrol.NewBackOff(backOffPeriod, MaxContainerBackOff)

        podManager := podmanager.NewpodManager()
        policy := images.ImageGCPolicy{
            ...
        }
        recorder := record.NewEventRecorder()

        ed := &edged{
            ...
        }
        ...
        ed.livenessManager = proberesults.NewManager()
        ...
        statsProvider := edgeimages.NewStatsProvider()
        ...

        if conf.remoteRuntimeEndpoint == dockerShimEndpoint || conf.
            remoteRuntimeEndpoint == dockerShimEndpointDeprecated {
            streamingConfig := &streaming.Config{}
            dockerClientConfig := &dockershim.ClientConfig{
                dockerEndpoint:              conf.dockerAddress,
                ImagePullProgressDeadline: time.Duration(conf.imagePullProgress
                    Deadline) * time.Second,
                EnableSleep:                 true,
                WithTraceDisabled:           true,
            }

            pluginConfigs := dockershim.NetworkPluginSettings{
                ...
```

```
        }

        ...

        ds, err  := dockershim.NewdockerService(dockerClientConfig,
           conf.podSandboxImage, streamingConfig,
        &pluginConfigs, cgroupName, cgroupDriver, dockershimRootDir,
            redirectContainerStream)

        if err != nil {
            return nil, err
        }

        klog.Infof("RemoteRuntimeEndpoint: %q, remoteImageEndpoint: %q",
        conf.remoteRuntimeEndpoint, conf.remoteRuntimeEndpoint)

        klog.Info("Starting the GRPC server for the docker CRI shim.")
        server := dockerremote.NewdockerServer(conf.remoteRuntimeEndpoint, ds)
        if err := server.Start(); err != nil {
            return nil, err
        }

    }
    ed.clusterDNS = convertStrToIP(conf.clusterDNS)
    ed.dnsConfigurer = kubedns.NewConfigurer(recorder, nodeRef,
        ed.nodeIP, ed.clusterDNS, conf.clusterDomain, ResolvConfDefault)

    containerRefManager := kubecontainer.NewRefManager()
    httpClient := &http.Client{}
    runtimeService, imageService, err := getRuntimeAndImageServices(conf.
        remoteRuntimeEndpoint, conf.remoteRuntimeEndpoint, conf.
        RuntimeRequestTimeout)
    if err != nil {
        return nil, err
    }
    if ed.os == nil {
        ed.os = kubecontainer.RealOS{}
    }

    ed.clcm, err = clcm.NewContainerLifecycleManager(DefaultRootDir)
```

```
    var machineInfo cadvisorapi.MachineInfo
    machineInfo.MemoryCapacity = uint64(conf.memoryCapacity)
    containerRuntime, err := kuberuntime.NewKubeGenericRuntimeManager(
        ...
    )

    cadvisorInterface, err := cadvisor.New("")
    containerManager, err := cm.NewContainerManager(mount.New(""),
        cadvisorInterface,
        cm.NodeConfig{
            ...
        }
        false,
        conf.devicePluginEnabled,
        recorder)
    ed.containerRuntime = containerRuntime
    ed.containerRuntimeName = RemoteContainerRuntime
    ed.containerManager = containerManager
    ed.runtimeService = runtimeService
    imageGCManager, err := images.NewImageGCManager(ed.containerRuntime,
        statsProvider, recorder, nodeRef, policy, conf.podSandboxImage)
    ...
    ed.imageGCManager = imageGCManager

    containerGCManager, err := kubecontainer.NewContainerGC(container
        Runtime, containerGCPolicy, &containers.KubeSourcesReady{})
    ...
    ed.containerGCManager = containerGCManager
    ed.server = server.NewServer(ed.podManager)
    ed.volumePluginMgr, err = NewInitializedVolumePluginMgr(ed,
        ProbeVolumePlugins(""))
    ...

    return ed, nil
}
```

从 newEdged() 函数的定义中，我们可以知道其做了很多事情，具体如下。

1）获取 Edged 相关配置。

2）初始化 Podmanager。

3）初始化 Edged 结构体。

4）初始化 Edged 的 LivenessManager。

5）初始化 Edged 的镜像存放地。

6）创建并启动 Dockershim 的 gRPC 服务器端。

7）初始化运行时服务和镜像服务。

8）初始化通用容器运行时服务。

9）初始化镜像垃圾回收管理器。

10）初始化容器垃圾回收器。

11）初始化 Edged 的服务器。

12）初始化 Edged 的 Volume Plugin 管理器。

针对以上操作，笔者重点分析创建并启动 Dockershim 的 gRPC 服务器端。Dockershim 是 Edged 与容器运行时交互的管道，所以 Edged 对容器的操作在 Dockershim 的方法中都会得到体现。Dockershim 的初始化函数定义具体如下所示。

```
k8s.io/kubernetes/pkg/kubelet/dockershim/docker_service.go
    func NewdockerService(config *ClientConfig, podSandboxImage string, streaming
        Config *streaming.Config, pluginSettings *NetworkPluginSettings,
    cgroupsName string, kubeCgroupDriver string, dockershimRootDir string,
        startLocalStreamingServer bool) (dockerService, error) {
        ...
        ds := &dockerService{
            client:          c,
            os:              kubecontainer.RealOS{},
            podSandboxImage: podSandboxImage,
            streamingRuntime: &streamingRuntime{
                client:      client,
                execHandler: &NativeExecHandler{},
            }
            containerManager:          cm.NewContainerManager(cgroupsName,
                client)
            checkpointManager:         checkpointManager,
            startLocalStreamingServer: startLocalStreamingServer,
            networkReady:              make(map[string]bool),
            containerCleanupInfos:     make(map[string]*containerCleanupInfo),
        }

        ...
    }
```

从 NewdockerService() 函数可以看出，Dockershim 的真身是 dockerService 结构体。dockerService 结构体定义具体如下所示。

```
k8s.io/kubernetes/pkg/kubelet/dockershim/docker_service.go
    type dockerService struct {
        client           libdocker.Interface
        os               kubecontainer.OSInterface
        podSandboxImage  string
        streamingRuntime *streamingRuntime
        streamingServer  streaming.Server

        network *network.PluginManager
        networkReady     map[string]bool
        networkReadyLock sync.Mutex

        containerManager cm.ContainerManager
        cgroupDriver      string
        checkpointManager checkpointmanager.CheckpointManager
        versionCache *cache.ObjectCache
        startLocalStreamingServer bool

    `performPlatformSpecificContainerCleanup`
        containerCleanupInfos map[string]*containerCleanupInfo
    }
```

从 dockerService 的定义可以看出，其大部分属性与 Container、Pod、Image 相关。我们从这些属性可以推测 dockerService 是与 Container 运行时交互的一个组件。为了进一步验证猜想，我们可以在 k8s.io/Kubernetes/pkg/Kubelet/dockershim/docker_service.go 文件中查看 dockerService 的实现方法。

以上只是剖析了 Edged 的初始化过程。下面剖析 Edged 的启动过程，具体如下所示。

```
kubeedge/edge/pkg/edged/edged.go
    func (e *edged) Start(c *context.Context) {
        e.context = c
        e.metaClient = client.New(c)

        e.kubeClient = fakekube.NewSimpleClientset(e.metaClient)
```

```
e.statusManager = status.NewManager(e.kubeClient, e.podManager,
    utilpod.NewpodDeleteSafety(), e.metaClient)
if err := e.initializeModules(); err != nil {
    klog.Errorf("initialize module error: %v", err)
    os.Exit(1)
}

e.volumeManager = volumemanager.NewVolumeManager(
    ...
)
go e.volumeManager.Run(edgedutil.NewSourcesReady(), utilwait.
    NeverStop)
go utilwait.Until(e.syncNodeStatus, e.nodeStatusUpdateFrequency,
    utilwait.NeverStop)

e.probeManager = prober.NewManager(e.statusManager, e.livenessManager,
    containers.NewContainerRunner(), kubecontainer.NewRefManager(),
    record.NewEventRecorder())
e.pleg = edgepleg.NewGenericLifecycleRemote(e.containerRuntime,
    e.probeManager, plegChannelCapacity, plegRelistPeriod, e.podManager,
    e.statusManager, e.podCache, clock.RealClock{}, e.interfaceName)
e.statusManager.Start()
e.pleg.Start()

e.podAddWorkerRun(concurrentConsumers)
e.podRemoveWorkerRun(concurrentConsumers)

housekeepingTicker := time.NewTicker(housekeepingPeriod)
syncWorkQueueCh := time.NewTicker(syncWorkQueuePeriod)
e.probeManager.Start()
go e.syncLoopIteration(e.pleg.Watch(), housekeepingTicker.C,
    syncWorkQueueCh.C)
go e.server.ListenAndServe()

e.imageGCManager.Start()
e.StartGarbageCollection()

e.pluginManager = pluginmanager.NewPluginManager(
    ...
)

e.pluginManager.AddHandler(pluginwatcherapi.CSIPlugin, plugincache.
    PluginHandler(csiplugin.PluginHandler))
go e.pluginManager.Run(edgedutil.NewSourcesReady(), utilwait.NeverStop)
```

```
        e.syncpod()
    }
```

从启动函数 Start() 中可以看到，其以 Go 协程的方式启动很多后台处理服务，具体如下。

1）初始化 Edged 的 kube Client，具体如下所示。

```
e.kubeClient = fakekube.NewSimpleClientset(e.metaClient)
```

2）初始化 Pod 状态管理器，具体如下所示。

```
e.statusManager = status.NewManager(e.kubeClient, e.podManager, utilpod.
    NewpodDeleteSafety(), e.metaClient)
```

3）初始化 Edged 节点的模块，具体如下所示。

```
if err := e.initializeModules(); err != nil {
    klog.Errorf("initialize module error: %v", err)
    os.Exit(1)
}
```

其中，e.initializeModules() 函数定义如下所示。

```
func (e *edged) initializeModules() error {
    node, _ := e.initialNode()
    if err := e.containerManager.Start(node, e.GetActivepods, edgedutil.
        NewSourcesReady(), e.statusManager, e.runtimeService); err != nil {
        klog.Errorf("Failed to start device plugin manager %v", err)
        return err
    }
    return nil
}
```

可以看出，e.initializeModules() 函数实际上启动了容器管理器。

4）初始化并启动 Volume 管理器，具体如下所示。

```
e.volumeManager = volumemanager.NewVolumeManager(
...
)
```

```
go e.volumeManager.Run(edgedutil.NewSourcesReady(), utilwait.NeverStop)
```

5）初始化 Pod 生命周期中的事件生成器，具体如下所示。

```
e.pleg = edgepleg.NewGenericLifecycleRemote()
...
e.pleg.Start()
```

6）启动 Pod 来增加和删除消息队列，具体如下所示。

```
e.podAddWorkerRun(concurrentConsumers)
e.podRemoveWorkerRun(concurrentConsumers)
```

7）启动 Edged 的探针管理器，具体如下所示。

```
e.probeManager.Start()
```

8）启动监听 Pod 事件的循环逻辑（loop），具体如下所示。

```
go e.syncLoopIteration(e.pleg.Watch(), housekeepingTicker.C, syncWorkQueueCh.C)
```

9）启动 Edged 的 HTTP 服务器，具体如下所示。

```
go e.server.ListenAndServe()
```

10）启动镜像和容器的垃圾回收服务，具体如下所示。

```
e.imageGCManager.Start()
e.StartGarbageCollection()
```

11）初始化和启动 Edged 的插件服务，具体如下所示。

```
e.pluginManager = pluginmanager.NewPluginManager()
e.pluginManager.AddHandler(pluginwatcherapi.CSIPlugin, plugincache.
    PluginHandler (csiplugin.PluginHandler))
klog.Infof("starting plugin manager")
go e.pluginManager.Run(edgedutil.NewSourcesReady(), utilwait.NeverStop)
```

12）启动与 MetaManager 进行事件同步的服务，具体如下所示。

```
e.syncpod()
```

到此，Edged 的具体逻辑剖析就结束了。

#### 2. Edged 调用容器运行时剖析

Edged 与容器运行时的调用关系如图 8-2 所示。

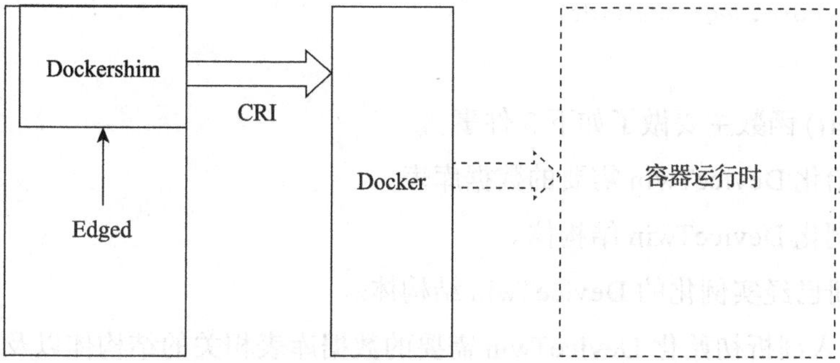


图 8-2　Edged 与容器运行时的调用关系

从图 8-2 可以看出，Edged 首先启动 Dockershim 的 gRPC 服务器，然后 Edged 通过调用 Dockershim 的 gRPC 服务器实现与容器运行时（Container Runtime）的交互，最后 Dockershim 的 gRPC 服务器将 Edged 的具体操作传递给容器运行时。

### 8.3.4　EdgeCore 之 DeviceTwin

前面对 EdgeCore 组件的 Edged 功能模块进行了分析，本节将对 EdgeCore 组件的另一个功能模块 DeviceTwin 进行剖析，包括 DeviceTwin 的结构体调用链剖析、DeviceTwin 的具体逻辑剖析、DeviceTwin 的缓存机制剖析。

#### 1. DeviceTwin 的结构体调用链剖析

EdgeCore 模块注册函数具体如下所示。

```
kubeedge/edge/cmd/EdgeCore/app/server.go
    func registerModules() {
        devicetwin.Register()
        ...
    }
```

进入 registerModules() 函数中的 devicetwin.Register() 函数定义，具体如下所示。

```
kubeedge/edge/pkg/devicetwin/devicetwin.go
    func Register() {
        dtclient.InitDBTable()
        dt := DeviceTwin{}
        core.Register(&dt)
    }
```

Register() 函数主要做了如下 3 件事。

1）初始化 DeviceTwin 需要的数据库表。

2）实例化 DeviceTwin 结构体。

3）注册已经实例化的 DeviceTwin 结构体。

下面深入剖析初始化 DeviceTwin 需要的数据库表相关的结构体以及 DeviceTwin 结构体。

（1）初始化 DeviceTwin 需要的数据库表相关的结构体的剖析

初始化 DeviceTwin 需要的数据库表相关的结构体，具体如下所示。

```
kubeedge/edge/pkg/devicetwin/dtclient/sql.go
    func InitDBTable() {
        klog.Info("Begin to register twin model")
        dbm.RegisterModel("twin", new(Device))
        dbm.RegisterModel("twin", new(DeviceAttr))
        dbm.RegisterModel("twin", new(DeviceTwin))
    }
```

在 InitDBTable() 函数中，通过 Beego 框架中的 ORM 模块 (https://GitHub.com/astaxie/beego/tree/develop/orm) 创建数据库表 twin，并初始化 device、device_attr 和 device_twin 三张表。与上述三张表对应的结构体如下所示。

```
kubeedge/edge/pkg/devicetwin/dtclient/device_db.go
    type Device struct {
        ID          string `orm:"column(id); size(64); pk"`
        Name        string `orm:"column(name); null; type(text)"`
        Description string `orm:"column(description); null; type(text)"`
        State       string `orm:"column(state); null; type(text)"`
        LastOnline  string `orm:"column(last_online); null; type(text)"`
    }
```

```
kubeedge/edge/pkg/devicetwin/dtclient/deviceattr_db.go

    type DeviceAttr struct {
        ID          int64  `orm:"column(id);size(64);auto;pk"`
        DeviceID    string `orm:"column(deviceid); null; type(text)"`
        Name        string `orm:"column(name);null;type(text)"`
        Description string `orm:"column(description);null;type(text)"`
        Value       string `orm:"column(value);null;type(text)"`
        Optional    bool   `orm:"column(optional);null;type(integer)"`
        AttrType    string `orm:"column(attr_type);null;type(text)"`
        Meta Data    string `orm:"column(metadata);null;type(text)"`
    }
```

```
kubeedge/edge/pkg/devicetwin/dtclient/devicetwin_db.go

    type DeviceTwin struct {
        ID              int64  `orm:"column(id);size(64);auto;pk"`
        DeviceID        string `orm:"column(deviceid); null; type(text)"`
        Name            string `orm:"column(name);null;type(text)"`
        Description     string `orm:"column(description);null;type(text)"`
        Expected        string `orm:"column(expected);null;type(text)"`
        Actual          string `orm:"column(actual);null;type(text)"`
        ExpectedMeta    string `orm:"column(expected_meta);null;type(text)"`
        ActualMeta      string `orm:"column(actual_meta);null;type(text)"`
        ExpectedVersion string `orm:"column(expected_version);null;type(text)"`
        ActualVersion   string `orm:"column(actual_version);null;type(text)"`
        Optional        bool   `orm:"column(optional);null;type(integer)"`
        AttrType        string `orm:"column(attr_type);null;type(text)"`
        Meta Data       string `orm:"column(metadata);null;type(text)"`
    }
```

以上3个文件中除了包含与device、device_attr和device_twin三张表对应的结构体定义外，还有针对这三张表的增、删、改、查方法的定义。

（2）DeviceTwin结构体剖析

DeviceTwin结构体的定义具体如下所示。

```
kubeedge/edge/pkg/devicetwin/devicetwin.go
    type DeviceTwin struct {
        context      *context.Context
        dtcontroller *DTController
    }
```

DeviceTwin 结构体的定义由 *context.Context 和 *DTController 两部分组成。其中，context.Context 可以参考 8.3.2 节，这里不再赘述。下面重点剖析 DTController。

DTController 的定义具体如下所示。

```
kubeedge/edge/pkg/devicetwin/dtcontroller.go
    type DTController struct {
        HeartBeatToModule map[string]chan interface{}
        DTContexts        *dtcontext.DTContext
        DTModules         map[string]dtmodule.DTModule
        Stop              chan bool
    }
```

在 DTController 结构体中，*dtcontext.DTContext 和 dtmodule.DTModule 的定义具体如下所示。

```
kubeedge/edge/pkg/devicetwin/dtcontext/dtcontext.go
    type DTContext struct {
        GroupID        string
        NodeID         string
        CommChan       map[string]chan interface{}
        ConfirmChan    chan interface{}
        ConfirmMap     *sync.Map
        ModulesHealth  *sync.Map
        ModulesContext *context.Context
        DeviceList     *sync.Map
        DeviceMutex    *sync.Map
        Mutex          *sync.RWMutex
        State string
    }
```

从 DTContext 结构体的定义可以看出，DTContext 结构体主要用来实现 DeviceTwin 模块的通信和缓存。DTModule.DTModule 结构体定义如下所示。

```
kubeedge/edge/pkg/devicetwin/dtmodule/dtmodule.go
    type DTModule struct {
        Name   string
        Worker dtmanager.DTWorker
    }
```

在 DTModule 结构体定义中，dtmanager.DTWorker 是接口（interface）类型，定义如下所示。

```
kubeedge/edge/pkg/devicetwin/dtmanager/dtworker.go
    type DTWorker interface {
        Start()
    }
```

从 dtmanager.DTWorker 的接口类型可以推测 DTModule 也有多种接口类型，而且都实现了 DTWorker 接口。kubeedge/edge/pkg/devicetwin/dtmodule/dtmodule.go 中的 InitWorker() 用来实例化 DTModule 接口，具体如下所示。

```
kubeedge/edge/pkg/devicetwin/dtmodule/dtmodule.go
    func (dm *DTModule) InitWorker(recv chan interface{}, confirm chan
        interface {}, heartBeat chan interface{}, dtContext *dtcontext.
        DTContext) {
        switch dm.Name {
        case dtcommon.MemModule:
            dm.Worker = dtmanager.MemWorker{
                Group: dtcommon.MemModule,
                Worker: dtmanager.Worker{
                    ReceiverChan:  recv,
                    ConfirmChan:   confirm,
                    HeartBeatChan: heartBeat,
                    DTContexts:    dtContext,
            }
        }

        ...
    }
```

从 InitWorker() 函数的定义中可以看出，DTModule 有 MemWorker、TwinWorker、DeviceWorker 和 CommWorker 四种接口类型。

到此，EdgeCore 中 DeviceTwin 结构体剖析就全部结束了。

## 2. DeviceTwin 的具体运行逻辑剖析

DeviceTwin 的启动函数具体如下所示。

```
kubeedge/edge/pkg/devicetwin/devicetwin.go
    func (dt *DeviceTwin) Start(c *context.Context) {
        controller, err := InitDTController(c)
        if err != nil {
            klog.Errorf("Start device twin failed, due to %v", err)
        }
        dt.dtcontroller = controller
        dt.context = c
        err = controller.Start()
        if err != nil {
            klog.Errorf("Start device twin failed, due to %v", err)
        }
    }
```

启动函数 Start() 主要做了如下两件事情。

1）初始化 DTController。

2）启动已经初始化的 DTController。

初始化 DTController 时把传入 BeeHive 消息框架中的 Context 实例化，并在其中初始化一些 DeviceTwin 所需的通道，以便与传入的 Context 实例进行交互。

下面深入剖析已经初始化的 DTController 在启动过程中所做的事。DTController 在启动过程中启动函数 Start() 的定义具体如下所示。

```
kubeedge/edge/pkg/devicetwin/dtcontroller.go
    func (dtc *DTController) Start() error {
        err := SyncSqlite(dtc.DTContexts)
        ...
        moduleNames := []string{dtcommon.MemModule, dtcommon.TwinModule,
            dtcommon.DeviceModule, dtcommon.CommModule}
        for _, v := range moduleNames {
            dtc.RegisterDTModule(v)
            go dtc.DTModules[v].Start()
        }
        ...
        }
    }
```

启动函数 Start() 主要做了如下两件事。

1）将数据库中的内容加载到内存中。

2）启动 DeviceTwin 中所有的 Module 接口，具体如下所示。

```
moduleNames := []string{dtcommon.MemModule, dtcommon.TwinModule, dtcommon.
    DeviceModule, dtcommon.CommModule}
for _, v := range moduleNames {
    dtc.RegisterDTModule(v)
    go dtc.DTModules[v].Start()
}
```

### 3. DeviceTwin 的缓存机制剖析

DeviceTwin 中的缓存是利用 Go 本身的 sync.Map 实现的，这里不展开剖析。推测 KubeEdge 在 Edge 端的离线模式也是基于 Go 本身的 sync.Map 实现的，这样会带来以下问题。

1）基于 Go 的 sync.Map 处处需要用锁，在并发量大的情况下会出现堵塞。

2）基于 Go 的 sync.Map 的内存和缓存周期不可控，缓存与持久存储不可平衡。

到此，EdgeCore 组件的 DeviceTwin 功能模块源码分析就结束了。

## 8.3.5　EdgeCore 之 EdgeHub

前面对 EdgeCore 组件的 Edged、DeviceTwin 功能模块进行了分析，本节将对 EdgeCore 组件的另一个功能模块 EdgeHub 进行剖析。EdgeHub 是 Edge 部分与 Cloud 部分交互的门户，因此我们有必要将 EdgeHub 相关内容彻底分析清楚，为使用过程中的故障排查、未来的功能扩展与性能优化提供便利。EdgeHub 的剖析具体包括 EdgeHub 的结构体调用链剖析、EdgeHub 的具体运行逻辑剖析。

### 1. EdgeHub 的结构体调用链剖析

EdgeCore 模块注册函数具体如下所示。

```
kubeedge/edge/cmd/edgecore/app/server.go
    func registerModules() {
        ...
        edgehub.Register()
```

```
        ...
    }
```

registerModules() 函数中的 edgehub.Register() 具体如下所示。

```
kubeedge/edge/pkg/edgehub/module.go
    func Register() {
        core.Register(&EdgeHub{
            controller: NewEdgeHubController()
        })
    }
```

顺着 Register() 函数中 EdgeHub 结构体的实例化语句进入 EdgeHub 结构体定义，具体如下所示。

```
kubeedge/edge/pkg/edgehub/module.go
    type EdgeHub struct {
        context    *context.Context
        controller *Controller
    }
```

EdgeHub 结构体中包含 *context.Context 和 *Controller 两个属性。

1）context.Context：在 8.3.2 节中，笔者已经分析过 context.Context，它是一个基于 Go-channel 的消息框架。EdgeCore 将它作为各功能模块之间通信的消息管道。

2）Controller：EdgeHub 的主要功能载体。

Controller 结构体的定义具体如下所示。

```
kubeedge/edge/pkg/edgehub/controller.go
    type Controller struct {
        context     *context.Context
        chClient    clients.Adapter
        config      *config.ControllerConfig
        stopChan    chan struct{}
        syncKeeper map[string]chan model.Message
        keeperLock sync.RWMutex
    }
```

从 Controller 结构体的定义可以确定，Controller 结构体是 EdgeHub 核心功能载体。

到此，EdgeHub 结构体调用链的剖析就结束了。接下来剖析 EdgeHub 的具体运行逻辑。

## 2. EdgeHub 的具体运行逻辑剖析

回到 EdgeHub 的注册函数，开始剖析 EdgeHub 相关的逻辑，具体如下所示。

```
kubeedge/edge/pkg/edgehub/module.go
    func Register() {
        core.Register(&EdgeHub{
            controller: NewEdgeHubController()
        })
    }
```

在 Register() 函数中，对 EdgeHub 结构体的初始化只是对 EdgeHub 结构体中的 Controller 进行初始化。Controller 的初始化函数具体如下所示。

```
kubeedge/edge/pkg/edgehub/controller.go
    func NewEdgeHubController() *Controller {
        return &Controller{
            config:      &config.GetConfig().CtrConfig,
            stopChan:    make(chan struct{})
            syncKeeper: make(map[string]chan model.Message)
        }
    }
```

NewEdgeHubController() 函数中嵌套了一个获取配置信息的函数调用，具体如下所示。

```
config:      &config.GetConfig().CtrConfig
```

GetConfig() 函数定义具体如下所示。

```
kubeedge/edge/pkg/edgehub/config/config.go
    var edgeHubConfig EdgeHubConfig
    ...
    func GetConfig() *EdgeHubConfig {
        return &edgeHubConfig
    }
```

GetConfig() 函数只返回了 &edgeHubConfig，而 edgeHubConfig 是一个 EdgeHubConfig 类型的全局变量。至于该变量在哪里被赋值、怎么赋值，暂且留一个疑问。

到此，EdgeHub 结构体的初始化就告一段落了。下面分析 edgehub 模块的启动函数，具体如下所示。

```
kubeedge/edge/pkg/edgehub/module.go
    func (eh *EdgeHub) Start(c *context.Context) {
        eh.context = c
        eh.controller.Start(c)
    }
```

EdgeHub 模块的启动函数 Start() 只做了如下两件事。

1）接收并存储传入的消息管道；

2）启动 EdgeHub 的 Controller。

由前面的分析可知，EdgeHub 的 Controller 作为 EdgeHub 功能模块的主要载体。其启动函数囊括 EdgeHub 功能模块绝大部分启动逻辑。继续进入 Controller 的启动函数，具体如下所示。

```
kubeedge/edge/pkg/edgehub/controller.go
    func (ehc *Controller) Start(ctx *context.Context) {
        config.InitEdgehubConfig()
        for {
            err := ehc.initial(ctx)
            ...
            err = ehc.chClient.Init()
            ...
            ehc.pubConnectInfo(true)
            go ehc.routeToEdge()
            go ehc.routeToCloud()
            go ehc.keepalive()

            <-ehc.stopChan
            ehc.chClient.Uninit()

            ehc.pubConnectInfo(false)
```

```
            time.Sleep(ehc.config.HeartbeatPeriod * 2)

        clean:
            for {
                select {
                case <-ehc.stopChan:
                default:
                    break clean
                }
            }
        }
    }
```

从 Controller 的启动函数 Start() 的定义，我们可以清楚地看到其包含了 EdgehubConfig 初始化、Go 协程的启动和退出。下面逐个深入剖析。

1）EdgehubConfig 初始化具体如下所示。

```
config.InitEdgehubConfig()
```

InitEdgehubConfig() 函数定义具体如下所示。

```
kubeedge/edge/pkg/edgehub/config/config.go
    func InitEdgehubConfig() {
        err := getControllerConfig()
        ...
        if edgeHubConfig.CtrConfig.Protocol == protocolWebsocket {
            err = getWebSocketConfig()
            ...
        } else if edgeHubConfig.CtrConfig.Protocol == protocolQuic {
            err = getQuicConfig()
            ...
        } else {
            ...
        }
    }
```

InitEdgehubConfig() 函数首先通过 err := getControllerConfig() 获得 EdgeHub Controller 的配置信息，然后通过获得的配置信息中的 Protocol 字段来判断协议类型，最后根据判断结果获取相应的协议绑定的配置信息或报错。针对以上获取配置的操作，我们重点分析获得 EdgeHub Controller 的配置信息。

getControllerConfig() 函数定义具体如下所示。

```
kubeedge/edge/pkg/edgehub/config/config.go
    var edgeHubConfig EdgeHubConfig
    ...
    func getControllerConfig() error {
        protocol, err := config.CONFIG.GetValue("edgehub.controller.
            protocol").ToString()
        ...
        edgeHubConfig.CtrConfig.Protocol = protocol

        heartbeat, err := config.CONFIG.GetValue("edgehub.controller.
            heartbeat").ToInt()
        ...
        edgeHubConfig.CtrConfig.HeartbeatPeriod = time.Duration(heartbeat)
            * time.Second

        projectID, err := config.CONFIG.GetValue("edgehub.controller.
            project-id").ToString()
        ...
        edgeHubConfig.CtrConfig.ProjectID = projectID

        nodeID, err := config.CONFIG.GetValue("edgehub.controller.node-
            id").ToString()
        ...
        edgeHubConfig.CtrConfig.NodeID = nodeID

        return nil
    }
```

getControllerConfig() 获取 edgehub.controller.* 相关的配置信息并赋值给变量 edgeHubConfig。

到此，前面提到的 EdgeHubConfig 赋值也得到了解答。

2）EdgeHub Controller 初始化具体如下所示。

```
err := ehc.initial(ctx)
```

initial() 函数定义具体如下所示。

```
kubeedge/edge/pkg/edgehub/controller.go
    func (ehc *Controller) initial(ctx *context.Context) (err error) {
        config.GetConfig().WSConfig.URL, err = bhconfig.CONFIG.GetValue
            ("edgehub.websocket.url").ToString()
        ...
        cloudHubClient, err := clients.GetClient(ehc.config.Protocol,
            config.GetConfig())
        ...
        ehc.context = ctx
        ehc.chClient = cloudHubClient
        return nil
    }
```

其中，第一行单独获取 edgehub.websocket.url，这里感觉与初始化 EdgehubConfig 中的 WebSocket 配置信息初始化重复，在此留个疑问——为什么重复获取 WebSocket 配置信息。

3）获取 CloudHub Client，具体如下所示。

```
cloudHubClient, err := clients.GetClient(ehc.config.Protocol, config.
GetConfig())
```

GetClient() 函数定义具体如下所示。

```
KubeEdge/edge/pkg/edgehub/factory.go
    func GetClient(clientType string, config *config.EdgeHubConfig)
        (Adapter, error) {

        switch clientType {
        case ClientTypeWebSocket:
            websocketConf := wsclient.WebSocketConfig{
                ...
            }
            return wsclient.NewWebSocketClient(&websocketConf), nil
        case ClientTypeQuic:
            quicConfig := quicclient.QuicConfig{
                ...
            }
            return quicclient.NewQuicClient(&quicConfig), nil
        default:
```

```
            klog.Errorf("Client type: %s is not supported", clientType)
        }
        return nil, ErrorWrongClientType
    }
```

从 GetClient() 函数定义可以知道，该函数定义了 ClientTypeWebSocket、ClientTypeQuic 两种客户端类型。两者都实现了接口适配。遇到 Adapter 类型的变量时，记得对应此处的 ClientTypeWebSocket、ClientTypeQuic。

4）初始化云客户端（Cloud Client），具体如下所示。

```
err = ehc.chClient.Init()
```

chClient.Init() 函数对应获取 CloudHub 模块中 ClientTypeWebSocket、ClientTypeQuic 的 Init() 方法。

5）向 EdgeCore 组件中各模块广播已经连接成功的消息，具体如下所示。

```
ehc.pubConnectInfo(true)
```

6）将从 Cloud 部分收到的消息转发给 Edge 部分的指定模块，具体如下所示。

```
go ehc.routeToEdge()
```

7）将从 Edge 部分收到的消息转发给 Cloud 部分，具体如下所示。

```
go ehc.routeToCloud()
```

8）向 Cloud 部分发送心跳信息，具体如下所示。

```
go ehc.keepalive()
```

9）剩下的步骤都是 EdgeHub 模块退出时的一些清理操作。

到此，EdgeCore 组件的 EdgeHub 模块的剖析就结束了。

### 8.3.6 EdgeCore 之 EventBus

前面对 EdgeCore 组件的 Edged、DeviceTwin、EdgeHub 功能模块进行了分析，本节将对 EdgeCore 组件的另一个功能模块 EventBus 进行剖析。EventBus 是

KubeEdge 的 Edge 部分与 MQTT 交互的门户，因此我们有必要将 EventBus 相关内容彻底分析清楚，为使用过程中的故障排查、未来的功能扩展与性能优化提供帮助。EventBus 的具体业务逻辑主要集中在启动过程中。本节侧重分析 EventBus 启动流程，包括 EventBus 的结构体调用链剖析、EventBus 的具体运行逻辑剖析。

### 1. EventBus 的结构体调用链剖析

EventBus 模块注册函数具体如下所示。

```
kubeedge/edge/pkg/eventbus/event_bus.go
    func Register() {
        mode, err := config.CONFIG.GetValue("mqtt.mode").ToInt()
        if err != nil || mode > externalMqttMode || mode < internalMqttMode {
            mode = internalMqttMode
        }
        edgeEventHubModule := eventbus{mqttMode: mode}
        core.Register(&edgeEventHubModule)
    }
```

注册函数做了两件事。

1）从配置文件中获取 mqtt.mode，并对其进行判断，具体如下所示。

```
mode, err := config.CONFIG.GetValue("mqtt.mode").ToInt()
if err != nil || mode > externalMqttMode || mode < internalMqttMode {
    mode = internalMqttMode
}
```

mqtt.mode 的具体定义如下所示。

```
kubeedge/edge/pkg/eventbus/event_bus.go
    const (
        internalMqttMode = IoTa // 0: launch an internal mqtt broker.
        bothMqttMode           // 1: launch an internal and external mqtt broker.
        externalMqttMode       // 2: launch an external mqtt broker.
        ...
    )
```

mqtt.mode 定义分 internalMqttMode、bothMqttMode 和 externalMqttMode 三部分。其中，externalMqttMode 用于启动内部 MQTT 代理；bothMqttMode 用于同时启

动内部和外部 MQTT 代理；externalMqttMode 用于启动外部 MQTT 代理。

2）实例化 EventBus 并注册，具体如下所示。

```
edgeEventHubModule := eventbus{mqttMode: mode}
core.Register(&edgeEventHubModule)
```

EventBus 结构体定义如下所示。

```
kubeedge/edge/pkg/eventbus/event_bus.go
    type eventbus struct {
        context  *context.Context
        mqttMode int
    }
```

EventBus 包括 context、mqttMode 两个属性。context 负责与 EdgeCore 中的其他模块通信；mqttMode 用来区分 EventBus 连接 MQTT 的方式。

## 2. EventBus 的具体运行逻辑剖析

从 EventBus 的启动函数切入分析其运行逻辑，具体如下所示。

```
kubeedge/edge/pkg/eventbus/event_bus.go
    func (eb *eventbus) Start(c *context.Context) {
    eb.context = c

        nodeID := config.CONFIG.GetConfigurationByKey("edgehub.controller.
            node-id")
        ...

        mqttBus.NodeID = nodeID.(string)
        mqttBus.ModuleContext = c

        if eb.mqttMode >= bothMqttMode {
            externalMqttURL := config.CONFIG.GetConfigurationByKey("mqtt.
                server")
            ...
            hub := &mqttBus.Client{
                MQTTUrl: externalMqttURL.(string),
            }
            mqttBus.MQTTHub = hub
            hub.InitSubClient()
```

```
        hub.InitPubClient()
    }

    if eb.mqttMode <= bothMqttMode {
        internalMqttURL := config.CONFIG.GetConfigurationByKey("mqtt.
            internal-server")
        ...
        qos := config.CONFIG.GetConfigurationByKey("mqtt.qos")
        ...
        retain := config.CONFIG.GetConfigurationByKey("mqtt.retain")
        ...

        sessionQueueSize := config.CONFIG.GetConfigurationByKey("mqtt.
            session-queue-size")
        ...

        if qos.(int) < int(packet.QOSAtMostOnce) || qos.(int) >
            int(packet.QOSExactlyOnce) || sessionQueueSize.(int) <= 0 {
            klog.Errorf("mqtt.qos must be one of [0,1,2] or mqtt.
                session-queue-size must > 0")
            os.Exit(1)
        }
        mqttServer = mqttBus.NewMqttServer(sessionQueueSize.(int),
            internalMqttURL.(string), retain.(bool), qos.(int))
        mqttServer.InitInternalTopics()
        err := mqttServer.Run()
        ...
    }

    eb.pubCloudMsgToEdge()
}
```

EventBus 的启动函数做了如下 3 件事。

1）处理 EventBus 模块的公共配置，具体如下所示。

```
eb.context = c

nodeID := config.CONFIG.GetConfigurationByKey("edgehub.controller.node-
    id")
...
```

```
mqttBus.NodeID = nodeID.(string)
mqttBus.ModuleContext = c
```

上述程序接收并存储与 EdgeCore 组件中其他模块通信的管道，同时从配置文件中获取所在节点的唯一标识。

2）根据不同的 mqttMode 启动与 MQTT 交互的实例，具体如下所示。

```
if eb.mqttMode ≥ bothMqttMode {
    ...
        }

if eb.mqttMode ≤ bothMqttMode {

    ...
}
```

当 eb.mqttMode ≥ bothMqttMode 时，将 MQTT 代理启动在 EventBus 之外，即 EventBus 作为独立启动的 MQTT 代理的客户端与其交互；当 eb.mqttMode ≤ bothMqttMode 时，在 EventBus 内启动一个 MQTT 代理，负责与终端设备交互。

3）将 cloud 部分的指令和事件下发到与 EventBus 相连的设备，具体如下所示。

```
eb.pubCloudMsgToEdge()
```

### 8.3.7 EdgeCore 之 MataManager

前面对 EdgeCore 组件的 Edged、DeviceTwin、EdgeHub、EventBus 功能模块进行了分析，本节将对 EdgeCore 组件中的另一个功能模块 MetaManager 进行剖析。MetaManager 作为 EdgeCore 中 Edged 模块与 EdgeHub 模块交互的桥梁，除了将 EdgeHub 的消息转发给 Edged，还对一些必要的数据通过 SQLite 进行缓存，在某种程度上实现了 KubeEdge 的离线模式。本节就对 MetaManager 与数据库相关的逻辑、MetaManager 业务逻辑进行剖析。

#### 1. MetaManager 与数据库相关的逻辑剖析

MetaManager 的模块注册函数具体如下所示。

```
kubeedge/edge/pkg/metamanager/module.go
    const (
        MetaManagerModuleName = "metaManager"
    )
    ...

    func Register() {
        dbm.RegisterModel(MetaManagerModuleName, new(dao.Meta))
        core.Register(&metaManager{})
    }
```

注册函数 Register() 主要做了两件事。

1）在 SQLite 数据库中初始化 MetaManager。

2）注册已经初始化的 MetaManager。

下面深入剖析在 SQLite 数据库中初始化 MetaManager。

dbm.RegisterModel() 定义具体如下所示。

```
kubeedge/edge/pkg/common/dbm/db.go
    func RegisterModel(moduleName string, m interface{}) {
        if isModuleEnabled(moduleName) {
            orm.RegisterModel(m)
            ...
        } else {
            ...
        }
    }
```

RegisterModel() 函数用于对 [GitHub.com/astaxie/beego/orm](https://GitHub.com/astaxie/beego/tree/develop/orm) 封装。

下面深入剖析 MetaManager 中 dao.Meta 的具体定义。

```
kubeedge/edge/pkg/metamanager/dao/meta.go
    type Meta struct {
        Key   string `orm:"column(key); size(256); pk"`
        Type  string `orm:"column(type); size(32)"`
        Value string `orm:"column(value); null; type(text)"`
    }
```

MetaManager 中 dao.Meta 的具体定义包含 Key、Type 和 Value 三个字段，具体

含义如下。

1）Key：Meta 的名字。

2）Type：Meta 对应的操作类型。

3）Value：具体的 Meta 值。

与 Meta 结构体定义在同一文件内还有对 MetaManager 的一些操作定义，如 SaveMeta、DeleteMetaByKey、UpdateMeta、InsertOrUpdate、UpdateMetaField、UpdateMetaFields、QueryMeta、QueryAllMeta。

### 2. MetaManager 业务逻辑剖析

MetaManager 的模块启动函数具体如下所示。

```
kubeedge/edge/pkg/metamanager/module.go
    func (m *metaManager) Start(c *context.Context) {
        m.context = c
        InitMetaManagerConfig()
        go func() {
            period := getSyncInterval()
            timer := time.NewTimer(period)
            for {
                select {
                case <-timer.C:
                    timer.Reset(period)
                    msg := model.NewMessage("").BuildRouter
                        (MetaManagerModuleName, GroupResource, model.
                        Resource TypepodStatus, OperationMetaSync)
                    m.context.Send(MetaManagerModuleName, *msg)
                }
            }
        }
        m.mainLoop()
    }
```

启动函数 Start() 主要做了如下 4 件事。

1）接收并保存模块启动时传入的 *context.Context 实例。

2）初始化 MetaManager 配置。

3）启动一个 Go 协程来同步心跳信息。

4）启动一个循环处理各种事件。

接下来，具体展开分析第 2、第 3、第 4 件事。

1）初始化 MetaManager 配置。

InitMetaManagerConfig() 定义具体如下所示。

```
kubeedge/edge/pkg/metamanager/msg_processor.go
    func InitMetaManagerConfig() {
        var err error
        groupName, err := config.CONFIG.GetValue("metamanager.context-
            send-group").ToString()
        ...

        edgeSite, err := config.CONFIG.GetValue("metamanager.edgesite").
            ToBool()
        ...

        moduleName, err := config.CONFIG.GetValue("metamanager.context-
            send-module").ToString()
        ...
    }
```

在初始化 MetaManager 配置时，从配置文件中获取 metamanager.context-send-group、metamanager.edgesite、metamanager.context-send-module，并根据获取的值对相关变量进行设置。

2）启动一个 Go 协程来同步心跳信息。

其具体实现如下所示。

```
kubeedge/edge/pkg/metamanager/module.go
    go func() {
        period := getSyncInterval()
        timer := time.NewTimer(period)
        for {
            select {
            case <-timer.C:
                timer.Reset(period)
                msg := model.NewMessage("").BuildRouter(MetaManagerModuleName,
                    GroupResource, model.ResourceTypepodStatus,
                    OperationMetaSync)
```

```
                m.context.Send(MetaManagerModuleName, *msg)
            }
        }
    }
```

同步心跳信息的 Go 协程做了如下两件事。

①获取通信心跳的时间间隔，具体如下所示。

```
period := getSyncInterval()
```

②创建定时器，并定时发送心跳信息，具体如下所示。

```
timer := time.NewTimer(period)
for {...}
```

3）启动一个循环处理各种事件。

m.mainLoop() 定义具体如下所示。

```
kubeedge/edge/pkg/metamanager/msg_processor.go
    func (m *metaManager) mainLoop() {
        go func() {
            for {
                if msg, err := m.context.Receive(m.Name()); err == nil {
                ...
                m.process(msg)
            } else {
                ...
            }
        }
        }()
    }
```

mainLoop() 函数启动了一个 for 循环，在循环中主要做了两件事。

①接收信息，具体如下所示。

```
msg, err := m.context.Receive(m.Name())
```

②对接收的信息进行处理，具体如下所示。

```
m.process(msg)
```

想弄明白对信息的处理过程，需要进入 m.process() 函数，具体如下所示。

```
kubeedge/edge/pkg/metamanager/msg_processor.go
    func (m *metaManager) process(message model.Message) {
        operation := message.GetOperation()
        switch operation {
        case model.InsertOperation:
            m.processInsert(message)
        case model.UpdateOperation:
            m.processUpdate(message)
        case model.DeleteOperation:
            m.processDelete(message)
        case model.QueryOperation:
            m.processQuery(message)
        case model.ResponseOperation:
            m.processResponse(message)
        case messagepkg.OperationNodeConnection:
            m.processNodeConnection(message)
        case OperationMetaSync:
            m.processSync(message)
        case OperationFunctionAction:
            m.processFunctionAction(message)
        case OperationFunctionActionResult:
            m.processFunctionActionResult(message)
        case constants.CSIOperationTypeCreateVolume,
            constants.CSIOperationTypeDeleteVolume,
            constants.CSIOperationTypeControllerPublishVolume,
            constants.CSIOperationTypeControllerUnpublishVolume:
            m.processVolume(message)
        }
    }
```

process() 函数主要做了如下两件事。

①获取消息的操作类型，具体如下所示。

```
operation := message.GetOperation()
```

②根据消息操作类型对信息进行相应处理，具体如下所示。

```
switch operation {
    ...
}
```

消息的操作类型包括 Insert、Update、Delete、Query、Response、Publish、Meta-internal-sync、Action、Action_result 等。本节不对消息的具体处理过程进行剖析，感兴趣的读者可以在本节的基础上自行剖析。

到此，对 EdgeCore 组件中 MetaManager 模块的剖析就结束了。

### 8.3.8 EdgeCore 之 EdgeMesh

前面对 EdgeCore 组件的 Edged、DeviceTwin、EdgeHub、EventBus、MetaManager 功能模块进行了分析，本节将对 EdgeCore 组件中的另一个功能模块 EdgeMesh 进行剖析。目前，KubeEdge 官网没有 EdgeMesh 相关介绍，笔者根据华为近期的边缘计算视频分享课程获得了 EdgeMesh 的相关信息。EdgeMesh 作为 EdgeCore 组件中节点级别的网络解决方案，主要实现了节点内的流量代理、节点间的流量代理和节点内的 DNS 解析 3 个功能。本节剖析这 3 个功能的具体实现，包括 EdgeMesh 结构体组成及注册、EdgeMesh 业务逻辑剖析。

#### 1. EdgeMesh 结构体组成及注册

EdgeMesh 模块的注册函数具体如下所示。

```
kubeedge/edgemesh/pkg/module.go
    func Register() {
        core.Register(&EdgeMesh{})
    }
```

注册函数只做了一件事，就是将实例化的 EdgeMesh 结构体加入全局 Map 中。EdgeMesh 结构体的定义具体如下所示。

```
kubeedge/edgemesh/pkg/module.go
    type EdgeMesh struct {
        context *context.Context
    }
```

EdgeMesh 结构体的定义比较简单，只有 Context 一个属性。该属性用来与 EdgeCore 中的其他模块进行通信。

### 2. EdgeMesh 业务逻辑剖析

EdgeMesh 模块的启动函数具体如下所示。

```
kubeedge/edgemesh/pkg/module.go
    func (em *EdgeMesh) Start(c *context.Context) {
        em.context = c
        proxy.Init()
        go server.Start()
        for {
            if msg, ok := em.context.Receive(constant.ModuleNameEdgeMesh);
                ok == nil {
                proxy.MsgProcess(msg)
                klog.Infof("get message: %v", msg)
                continue
            }
        }
    }
```

启动函数 Start() 做了如下 4 件事。

1）接收并保存通信管道。

2）初始化 porxy。

3）启动服务。

4）通过一个 for 循环接收通信管道中关于 EdgeMesh 的消息并处理。

下面对第 2、第 3 和第 4 件事展开剖析。

（1）初始化 porxy，具体如下所示。

```
kubeedge/edgemesh/pkg/proxy/proxy.go
    func Init() {
        go func() {
            unused = make([]string, 0)
            addrByService = &addrTable{}
            c := context.GetContext(context.MsgCtxTypeChannel)
            metaClient = client.New(c)
            for {
                err := vdev.CreateDevice()
                if err == nil {
                    break
                }
                klog.Warningf("[L4 Proxy] create Device is failed : %s", err)
```

```
                }
                ipPoolSize = 0
                expandIpPool()
                ep, err := poll.CreatePoll(pollCallback)
                if err != nil {
                    vdev.DestroyDevice()
                    klog.Errorf("[L4 Proxy] epoll is open failed : %s", err)
                    return
                }
                epoll = ep
                go epoll.Loop()
                klog.Infof("[L4 Proxy] proxy is running now")
            }()
        }
```

Init() 函数主要做了如下 3 件事情。

1）创建获得 Pod 原数据的代理。

2）创建和维护虚拟网络设备。

3）通过 Epoll 管理代理进程。

CreateDevice() 函数先判断虚拟网络设备 edge0 是否存在，如果存在就将其删除并重建；如果不存在就直接创建虚拟网络设备 edge0。

（2）启动服务。

server.Start() 定义具体如下所示。

```
kubeedge/edgemesh/pkg/server/server.go
    func Start() {
        r := &resolver.MyResolver{"http"}
        resolver.RegisterResolver(r)

        config.GlobalDefinition = &model.GlobalCfg{}
        config.GlobalDefinition.Panel.Infra = "fake"
        opts := control.Options{
            Infra:   config.GlobalDefinition.Panel.Infra,
            Address: config.GlobalDefinition.Panel.Settings["address"],
        }
        config.GlobalDefinition.Ssl = make(map[string]string)

        control.Init(opts)
```

```
        opt := registry.Options{}
        registry.DefaultServiceDiscoveryService = edgeregistry.NewService
            Discovery (opt)
        myStrategy := mconfig.CONFIG.GetConfigurationByKey("mesh.
            loadbalance.strategy-name").(string)
        loadbalancer.InstallStrategy(myStrategy, func() loadbalancer.
            Strategy {
            switch myStrategy {
            case "RoundRobin":
                return &loadbalancer.RoundRobinStrategy{}
            case "Random":
                return &loadbalancer.RandomStrategy{}
            default:
                return &loadbalancer.RoundRobinStrategy{}
            }
        })
        go DnsStart()
        StartTCP()
    }
```

Start() 函数做了如下 3 件事情。

1）初始化 resolvers、handlers。初始化的 resolvers、handlers 在 TCP 服务器处理连接的过程中被使用。

2）启动 DNS 服务。该 DNS 服务主要为节点内的应用做域名解析。

3）启动 TCP 服务。该 TCP 服务在节点间做流量代理。

（3）通过一个 for 循环接收通信管道中关于 EdgeMesh 的消息并处理，具体如下所示。

```
kubeedge/edgemesh/pkg/module.go
    func (em *EdgeMesh) Start(c *context.Context) {
        ...
        for {
            if msg, ok := em.context.Receive(constant.ModuleNameEdgeMesh);
                ok == nil {
                proxy.MsgProcess(msg)
                klog.Infof("get message: %v", msg)
                continue
            }
        }
    }
```

proxy.MsgProcess() 函数定义具体如下所示。

kubeedge/edgemesh/pkg/proxy/proxy.go

```
func MsgProcess(msg model.Message) {
    svcs := filterResourceType(msg)
    ...
    for _, svc := range svcs {
        svcName := svc.Namespace + "." + svc.Name
        if !IsL4Proxy(&svc) {
            delServer(svcName)
            continue
        }

        port := make([]int32, 0)
        targetPort := make([]int32, 0)
        for _, p := range svc.Spec.Ports {
            if p.Protocol == "TCP" {
                port = append(port, p.Port)
                targetPort = append(targetPort, p.TargetPort.IntVal)
            }
        }
        if len(port) == 0 || len(targetPort) == 0 {
            continue
        }
        switch msg.GetOperation() {
        case "insert":
            addServer(svcName, port)
        case "delete":
            delServer(svcName)
        case "update":
            updateServer(svcName, port)
        default:
            klog.Infof("[L4 proxy] Unknown operation")
        }
        st := addrByService.getAddrTable(svcName)
        if st != nil {
            st.targetPort = targetPort
        }
    }
}
```

MsgProcess() 函数处理的是 MetaManager 模块发送过来的服务消息。首先根据服务的命名规范、支持的协议对接收到的服务消息进行过滤；然后根据消息操作类型（Insert、Delete、Update）执行具体操作（这些操作都是在节点的缓存中完成的）；最后对相应服务的 targetPort 进行设置。

到此，EdgeCore 的 EdgeMesh 模块的剖析就结束了。

## 8.4　本章小结

本章从搭建开发环境、安装相关工具着手，分析了 KubeEdge 源码的整体结构、各源码目录的作用和各组件的源码入口和源码调用流程。下一章将对边缘计算系统的端部分解决方案 EdgeX Foundry 的源码进行分析。

第 9 章 Chapter 9

# 端部分源码分析

本章首先从搭建开发环境入手，然后安装相关工具，最后分析 EdgeX Foundry 源码的整体结构、各源码目录的作用和各组件的源码入口和源码调用流程。

## 9.1 搭建开发环境

EdgeX Foundry 开发环境的搭建与 7.1 节高度相似，读者可以参考该部分。

## 9.2 源码整体架构分析

EdgeX Foundry 是一个由 Linux Foundation 托管的、中立于供应商的开源项目。它为 IoT 边缘计算系统构建了通用的开放框架。该项目的核心是一个互操作性框架，该框架可以托管在与硬件和操作系统无关的平台上，以实现组件的即插即用，从而加速 IoT 解决方案的部署。

本节将对 EdgeX Foundry（commit 0f0daf30e630b45965e500ec1f0c2acdd664571c）

源码的整体结构、各源码目录（如图 9-1 所示）的作用和相互之间的关系进行梳理。

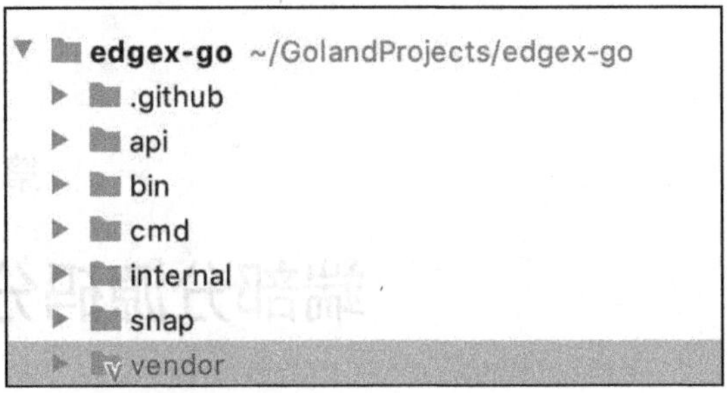


图 9-1　EdgeX Foundry 源码目录

由图 9-1 可知，EdgeX Foundry 源码目录包括 api、bin、cmd、internal、snap 和 vendor。下面通过表 9-1 对它们包含的内容和作用进行详细梳理和说明。

表 9-1　EdgeX Foundry 源码目录说明

| 目录名称 | 内容与作用 | 备　注 |
| --- | --- | --- |
| api | 包含 EdgeX Foundry 开放接口说明 | |
| bin | 包含 EdgeX Foundry 项目所用到的 shell 脚本，主要包含容器化部署脚本、二进制部署脚本和依赖管理脚本等 | 缺少自动化构建脚本 |
| cmd | 包含 EdgeX Foundry 各个组件的源码入口所在目录 | |
| internal | 包含 EdgeX Foundry 各个组件共用的逻辑源码 | |
| snap | 包含通过 Snap 软件包管理 EdgeX Foundry 项目的参考实现 | |
| vendor | 包含 EdgeX Foundry 项目中用到的源码依赖 | |

## 9.3　组件源码分析

本节将对 EdgeX Foundry 的核心组件的源码进行梳理和分析。这些组件包括 Config-seed、Core-command、Core-data、Core-metadata、Security-file-token-provider、Security-proxy-setup、Security-secrets-setup、Security-secretstore-setup、Support-logging、Support-notification、Support-scheduler 和 Sys-mgmt-agent。

### 9.3.1 Config-seed

在 EdgeX Foundry 中的微服务启动之前，Config-seed 负责将相应微服务的配置信息注册进 Consul。EdgeX Foundry 中各组件通过配置中心获取目标组件的配置。本节将通过源码分析 Config-seed 注册配置信息的具体流程。Config-seed 组件的源码入口为 edgex-go/cmd/config-seed 下的 main.go 文件，具体如图 9-2 所示。

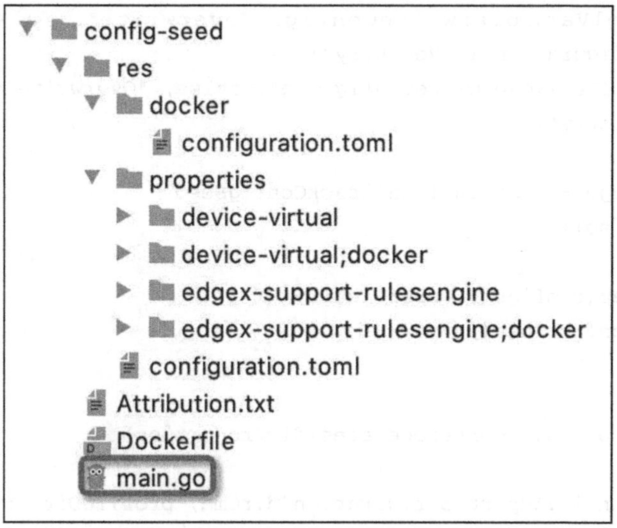


图 9-2　Config-seed 组件的源码入口

其核心代码逻辑如下所示。

```
edgex-go/cmd/config-seed/main.go
func main() {
    var configDir, profileDir string
    var dirCmd string
    var dirProperties string
    var overwriteConfig bool

    flag.StringVar(&profileDir, "profile", "", "Specify a profile other
        than default.")
    flag.StringVar(&profileDir, "p", "", "Specify a profile other than
        default.")
    flag.StringVar(&configDir, "confdir", "", "Specify local configuration
```

```
        directory")
    flag.StringVar(&dirProperties, "props", "./res/properties", "Specify
        alternate properties location as absolute path")
    flag.StringVar(&dirProperties, "r", "./res/properties", "Specify
        alternate properties location as absolute path")
    flag.StringVar(&dirCmd, "cmd", "../cmd", "Specify alternate cmd
        location as absolute path")
    flag.StringVar(&dirCmd, "c", "../cmd", "Specify alternate cmd location
        as absolute path")
    flag.BoolVar(&overwriteConfig, "overwrite", false, "Overwrite
        configuration in Registry")
    flag.BoolVar(&overwriteConfig, "o", false, "Overwrite configuration in
        Registry")

    flag.Usage = usage.HelpCallbackConfigSeed
    flag.Parse()

    bootstrap(configDir, profileDir)
    ok := config.Init()
    ...

    err := config.ImportProperties(dirProperties)
    ...
    err = config.ImportConfiguration(dirCmd, profileDir, overwriteConfig)
    ...
    err = config.ImportSecurityConfiguration()
    ...
    os.Exit(0)
}
```

从以上代码逻辑可以看出，main() 函数只是 Config-seed 组件的入口。该函数主要做了 3 件事。

1）解析命令行参数，具体如下。

```
edgex-go/cmd/config-seed/main.go
func main() {
    var configDir, profileDir string
    var dirCmd string
    var dirProperties string
    var overwriteConfig bool
```

```
    flag.StringVar(&profileDir, "profile", "", "Specify a profile other
        than default.")
    flag.StringVar(&profileDir, "p", "", "Specify a profile other than
        default.")
    flag.StringVar(&configDir, "confdir", "", "Specify local configuration
        directory")
    flag.StringVar(&dirProperties, "props", "./res/properties", "Specify
        alternate properties location as absolute path")
    flag.StringVar(&dirProperties, "r", "./res/properties", "Specify
        alternate properties location as absolute path")
    flag.StringVar(&dirCmd, "cmd", "../cmd", "Specify alternate cmd
        location as absolute path")
    flag.StringVar(&dirCmd, "c", "../cmd", "Specify alternate cmd location
        as absolute path")
    flag.BoolVar(&overwriteConfig, "overwrite", false, "Overwrite
        configuration in Registry")
    flag.BoolVar(&overwriteConfig, "o", false, "Overwrite configuration in
        Registry")

    flag.Usage = usage.HelpCallbackConfigSeed
    flag.Parse()
...
}
```

2）初始化配置，具体如下。

```
edgex-go/cmd/config-seed/main.go
func main() {
    ...
    bootstrap(configDir, profileDir)
    ok := config.Init()
    ...

    os.Exit(0)
}
```

3）导入配置，具体如下。

```
edgex-go/cmd/config-seed/main.go
func main() {
    ...
```

```
    err := config.ImportProperties(dirProperties)
    ...
    err = config.ImportConfiguration(dirCmd, profileDir, overwriteConfig)
    ...
    err = config.ImportSecurityConfiguration()
    ...
    os.Exit(0)
}
```

解析命令行参数的逻辑比较清晰，本节不展开分析。接下来展开分析初始化配置和配置导入。

### 1. 初始化配置

Config-seed 初始化配置逻辑具体如下所示。

```
edgex-go/cmd/config-seed/main.go
func main() {
    ...
    bootstrap(configDir, profileDir)
    ok := config.Init()
    ...

    os.Exit(0)
}
```

从以上初始化配置逻辑可知，Config-seed 的初始化配置包括 bootstrap() 和 ok := config.Init() 两部分。接下来对其展开分析。

（1）bootstrap()

bootstrap() 函数的定义具体如下所示。

```
edgex-go/cmd/config-seed/main.go
func bootstrap(configDir, profileDir string) {
    deps := make(chan error, 2)
    wg := sync.WaitGroup{}
    wg.Add(1)
    go config.Retry(configDir, profileDir, internal.BootTimeoutDefault,
        &wg, deps)
    go func(ch chan error) {
        for {
```

```
                select {
                case e, ok := <-ch:
                    if ok {
                        config.LoggingClient.Error(e.Error())
                    } else {
                        return
                    }
                }
            }
        }(deps)

        wg.Wait()
    }
```

从 bootstrap() 函数的定义可知，该函数的具体工作是由 Retry() 函数完成的。Retry() 函数的定义具体如下所示。

```
edgex-go/internal/seed/config/init.go
var Configuration *ConfigurationStruct

func Retry(configDir, profileDir string, timeout int, wait *sync.WaitGroup,
    ch chan error) {
    until := time.Now().Add(time.Millisecond * time.Duration(timeout))
    for time.Now().Before(until) {
        var err error
        if Configuration == nil {
            Configuration, err = initializeConfiguration(configDir,
                profileDir)
            ...
        }
        if Registry == nil {
            Registry, err = initRegistryClient("")
            ...
        }

        ...
    }
    close(ch)
    wait.Done()

    return
}
```

Retry() 函数对配置和配置注册客户端进行初始化，即 Configuration, err = initializeConfiguration(configDir, profileDir) 和 Registry, err = initRegistryClient("")。

（2）Init()

Init() 函数的定义具体如下所示。

```
edgex-go/internal/seed/config/init.go
func Init() bool {
    if Configuration != nil && Registry != nil {
        return true
    }
    return false
}
```

由 Init() 函数的定义可知，该函数是对 bootstrap() 函数执行结果的确认。

### 2. 导入配置

Config-seed 的导入配置逻辑具体如下所示。

```
edgex-go/cmd/config-seed/main.go
func main() {
    ...

    err := config.ImportProperties(dirProperties)
    ...
    err = config.ImportConfiguration(dirCmd, profileDir, overwriteConfig)
    ...
    err = config.ImportSecurityConfiguration()
    ...
    os.Exit(0)
}
```

从以上导入配置逻辑可知，Config-seed 的导入配置包括 config.ImportProperties()、config.ImportConfiguration() 和 config.ImportSecurityConfiguration() 三部分。接下来对其展开分析。

（1）ImportProperties()

ImportProperties() 函数的定义具体如下所示。

```
edgex-go/internal/seed/config/populate.go
func ImportProperties(root string) error {
    err := filepath.Walk(root, func(path string, info os.FileInfo, err
         error) error {
        ...
        if info.IsDir() || !isAcceptablePropertyExtensions(info.Name()) {
            return nil
        }

        dir, file := filepath.Split(path)
        appKey := parseDirectoryName(dir)
        LoggingClient.Debug(fmt.Sprintf("dir: %s file: %s", appKey, file))
        props, err := readPropertiesFile(path)
        ...
        registryConfig := types.Config{
            Host:       Configuration.Registry.Host,
            Port:       Configuration.Registry.Port,
            Type:       Configuration.Registry.Type,
            Stem:       Configuration.GlobalPrefix + "/",
            ServiceKey: appKey,
        }

        Registry, err = registry.NewRegistryClient(registryConfig)
        for key := range props {
            if err := Registry.PutConfigurationValue(key, []byte(props[key]));
                err != nil {
                return err
            }
        }
        return nil
    })

    ...
    return nil
}
```

由 ImportProperties() 函数的定义可知，该函数用来导入 Java 服务的 properties 配置文件。该函数主要做了如下两件事情。

1）读取 properties 配置文件，具体如下所示。

```
edgex-go/internal/seed/config/populate.go
func ImportProperties(root string) error {
    err := filepath.Walk(root, func(path string, info os.FileInfo, err
       error) error {
        ...
        if info.IsDir() || !isAcceptablePropertyExtensions(info.Name()) {
            return nil
        }

        dir, file := filepath.Split(path)
        appKey := parseDirectoryName(dir)
        LoggingClient.Debug(fmt.Sprintf("dir: %s file: %s", appKey, file))
        props, err := readPropertiesFile(path)
        ...
    return nil
}
```

2）将配置信息写入 Registry，具体如下所示。

```
edgex-go/internal/seed/config/populate.go
func ImportProperties(root string) error {
        ...
        registryConfig := types.Config{
            Host:       Configuration.Registry.Host,
            Port:       Configuration.Registry.Port,
            Type:       Configuration.Registry.Type,
            Stem:       Configuration.GlobalPrefix + "/",
            ServiceKey: appKey,
        }

        Registry, err = registry.NewRegistryClient(registryConfig)
        for key := range props {
            if err := Registry.PutConfigurationValue(key, []byte
                (props[key])); err != nil {
                return err
            }
        }
        return nil
    })

    ...
```

```
    return nil
}
```

（2）ImportConfiguration()

ImportConfiguration() 函数的定义具体如下所示。

```
edgex-go/internal/seed/config/populate.go
func ImportConfiguration(root string, profile string, overwrite bool)
    error {
    dirs := listDirectories()
    absRoot, err := determineAbsRoot(root)
    ...
    environment := NewEnvironment()

    for _, serviceName := range dirs {
        LoggingClient.Debug(fmt.Sprintf("importing: %s/%s", absRoot,
            serviceName))
        ...
        res := fmt.Sprintf("%s/%s/res", absRoot, serviceName)

        if len(profile) > 0 {
            res += "/" + profile
        }

        path := res + "/" + internal.ConfigFileName

        if !isTomlExtension(path) {
            return errors.New("unsupported file extension: " + path)
        }

        LoggingClient.Debug("reading toml " + path)

        configuration, err := toml.LoadFile(path)
        ...

        registryConfig := types.Config{
            Host:        Configuration.Registry.Host,
            Port:        Configuration.Registry.Port,
            Type:        Configuration.Registry.Type,
            Stem:        internal.ConfigRegistryStemCore + internal.
                         ConfigMajorVersion,
```

```
            ServiceKey: clients.ServiceKeyPrefix + serviceName,
        }
        Registry, err = registry.NewRegistryClient(registryConfig)
        ...

    Registry.PutConfigurationToml(environment.OverrideFromEnvironment
        (serviceName, configuration), overwrite)
    }

    return nil
}
```

由 ImportConfiguration() 函数的定义可知，该函数可以读取命令行参数传入路径下的配置文件，并覆盖初始化阶段的配置。该函数主要做了如下两件事。

1）读取配置文件，具体如下所示。

```
edgex-go/internal/seed/config/populate.go
func ImportConfiguration(root string, profile string, overwrite bool) error {
    dirs := listDirectories()
    absRoot, err := determineAbsRoot(root)
    ...

    environment := NewEnvironment()

    for _, serviceName := range dirs {
        LoggingClient.Debug(fmt.Sprintf("importing: %s/%s", absRoot,
            serviceName))
        ...
        res := fmt.Sprintf("%s/%s/res", absRoot, serviceName)

        if len(profile) > 0 {
            res += "/" + profile
        }

        path := res + "/" + internal.ConfigFileName

        if !isTomlExtension(path) {
            return errors.New("unsupported file extension: " + path)
        }
```

```
        LoggingClient.Debug("reading toml " + path)

        configuration, err := toml.LoadFile(path)
        ...
    return nil
}
```

2）将配置信息写入 Registry，具体如下所示。

```
edgex-go/internal/seed/config/populate.go
func ImportConfiguration(root string, profile string, overwrite bool)
    error {
        ...

        registryConfig := types.Config{
            Host:       Configuration.Registry.Host,
            Port:       Configuration.Registry.Port,
            Type:       Configuration.Registry.Type,
            Stem:       internal.ConfigRegistryStemCore + internal.
                        ConfigMajorVersion,
            ServiceKey: clients.ServiceKeyPrefix + serviceName,
        }
        Registry, err = registry.NewRegistryClient(registryConfig)
        ...

    Registry.PutConfigurationToml(environment.OverrideFromEnvironment
        (serviceName, configuration), overwrite)
    }

    return nil
}
```

（3）ImportSecurityConfiguration()

ImportConfiguration() 函数的定义具体如下所示。

```
edgex-go/internal/seed/config/populate.go
func ImportSecurityConfiguration() error {
    registryConfig := types.Config{
        Host: Configuration.Registry.Host,
        Port: Configuration.Registry.Port,
        Type: Configuration.Registry.Type,
```

```
        Stem: internal.ConfigRegistryStemSecurity + internal.ConfigMajorVersion,
    }

    reg, err := registry.NewRegistryClient(registryConfig)
    ...

    env := NewEnvironment()
    namespace := strings.Replace(internal.ConfigRegistryStemSecurity, "/", ".", -1)
    tree, err := env.InitFromEnvironment(namespace)

    err = reg.PutConfigurationToml(tree, false)
    ...

    return nil
}
```

由 ImportConfiguration() 函数的定义可知，该函数从环境变量中读取安全相关的配置，并将其写入 Registry。

## 9.3.2 Core-command

在 EdgeX Foundry 中，Core-command 对发往设备或传感器的指令进行管理和控制。本节将通过源码分析 Core-command 组件管理和控制指令的具体流程。Core-command 组件的源码入口文件为 edgex-go/cmd/core-command 下的 main.go，如图 9-3 所示。

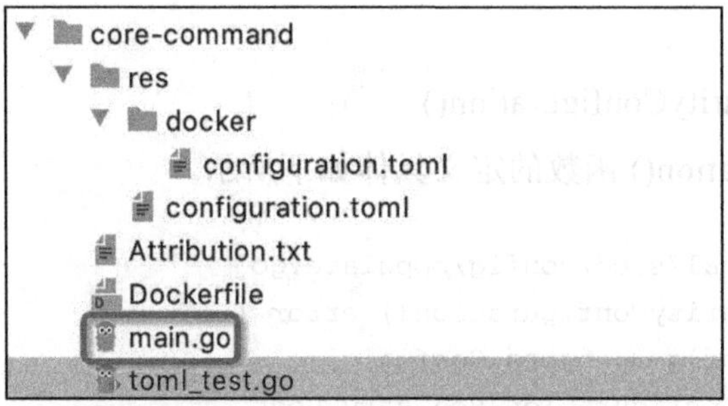


图 9-3 core-command 组件的源码入口文件

core-command 组件源码入口函数如下所示。

```
edgex-go/cmd/core-command/main.go
func main() {
    startupTimer := startup.NewStartUpTimer(internal.BootRetrySecondsDefault,
        internal.BootTimeoutSecondsDefault)

    var useRegistry bool
    var configDir, profileDir string

    flag.BoolVar(&useRegistry, "registry", false, "Indicates the service
        should use registry.")
    flag.BoolVar(&useRegistry, "r", false, "Indicates the service should
        use registry.")
    flag.StringVar(&profileDir, "profile", "", "Specify a profile other
        than default.")
    flag.StringVar(&profileDir, "p", "", "Specify a profile other than
        default.")
    flag.StringVar(&configDir, "confdir", "", "Specify local configuration
        directory")
    flag.Usage = usage.HelpCallback
    flag.Parse()

    configuration := &config.ConfigurationStruct{}
    dic := di.NewContainer(di.ServiceConstructorMap{
        container.ConfigurationName: func(get di.Get) interface{} {
            return configuration
        }
    })
    httpServer := httpserver.NewBootstrap(command.LoadRestRoutes(dic))

    bootstrap.Run(
        configDir,
        profileDir,
        internal.ConfigFileName,
        useRegistry,
        clients.CoreCommandServiceKey,
        configuration,
        startupTimer,
        dic,
```

```
            []interfaces.BootstrapHandler{
                secret.NewSecret().BootstrapHandler,
                database.NewDatabase(&httpServer, configuration).BootstrapHandler,
                command.BootstrapHandler,
                telemetry.BootstrapHandler,
                httpServer.BootstrapHandler,
                message.NewBootstrap(clients.CoreCommandServiceKey, edgex.
                    Version).BootstrapHandler,
            })
    }
```

从以上代码逻辑可以看出，main() 函数只是 Core-command 组件的入口。该函数主要做了 3 件事。

1）命令行参数解析，具体如下所示。

```
edgex-go/cmd/core-command/main.go
func main() {
    startupTimer := startup.NewStartUpTimer(internal.BootRetrySecondsDefault,
        internal.BootTimeoutSecondsDefault)

    var useRegistry bool
    var configDir, profileDir string

    flag.BoolVar(&useRegistry, "registry", false, "Indicates the service
        should use registry.")
    flag.BoolVar(&useRegistry, "r", false, "Indicates the service should
        use registry.")
    flag.StringVar(&profileDir, "profile", "", "Specify a profile other
        than default.")
    flag.StringVar(&profileDir, "p", "", "Specify a profile other than
        default.")
    flag.StringVar(&configDir, "confdir", "", "Specify local configuration
        directory")
    flag.Usage = usage.HelpCallback
    flag.Parse()

    ...
}
```

2）HTTP 服务配置，具体如下所示。

```
edgex-go/cmd/core-command/main.go
func main() {
    ...

    configuration := &config.ConfigurationStruct{}
    dic := di.NewContainer(di.ServiceConstructorMap{
        container.ConfigurationName: func(get di.Get) interface{} {
            return configuration
        }
    })
    httpServer := httpserver.NewBootstrap(command.LoadRestRoutes(dic))

    ...
}
```

3）组件启动，具体如下所示。

```
edgex-go/cmd/core-command/main.go
func main() {
    ...
    bootstrap.Run(
        configDir,
        profileDir,
        internal.ConfigFileName,
        useRegistry,
        clients.CoreCommandServiceKey,
        configuration,
        startupTimer,
        dic,
        []interfaces.BootstrapHandler{
            secret.NewSecret().BootstrapHandler,
            database.NewDatabase(&httpServer, configuration).BootstrapHandler,
            command.BootstrapHandler,
            telemetry.BootstrapHandler,
            httpServer.BootstrapHandler,
            message.NewBootstrap(clients.CoreCommandServiceKey, edgex.
                Version).BootstrapHandler,
        })
}
```

解析命令行参数的逻辑比较清晰，本节不展开分析。接下来展开分析 HTTP 服务配置和组件启动。

### 1. HTTP 服务配置

Core-command 源码入口中的 HTTP 服务配置具体如下所示。

```
edgex-go/cmd/core-command/main.go
func main() {
    ...
    configuration := &config.ConfigurationStruct{}
    dic := di.NewContainer(di.ServiceConstructorMap{
        container.ConfigurationName: func(get di.Get) interface{} {
            return configuration
        }
    })
    httpServer := httpserver.NewBootstrap(command.LoadRestRoutes(dic))

    ...
}
```

从以上逻辑可知，HTTP 服务配置的主要工作由 LoadRestRoutes() 函数完成。LoadRestRoutes() 函数定义具体如下所示。

```
edgex-go/internal/core/command/router.go
func LoadRestRoutes(dic *di.Container) *mux.Router {
    r := mux.NewRouter()

    r.HandleFunc(
        clients.ApiPingRoute,
        func(w http.ResponseWriter, _ *http.Request) {
            w.Header().Set(clients.ContentType, clients.ContentTypeText)
            _, _ = w.Write([]byte("pong"))
        }).Methods(http.MethodGet)

    r.HandleFunc(
        clients.ApiConfigRoute,
        func(w http.ResponseWriter, _ *http.Request) {
            pkg.Encode(commandContainer.ConfigurationFrom(dic.Get), w,
```

```
            bootstrapContainer.LoggingClientFrom(dic.Get))
        }).Methods(http.MethodGet)

    r.HandleFunc(
        clients.ApiMetricsRoute,
        func(w http.ResponseWriter, _ *http.Request) {
            pkg.Encode(telemetry.NewSystemUsage(), w, bootstrapContainer.
                LoggingClientFrom(dic.Get))
        }).Methods(http.MethodGet)

    r.HandleFunc(clients.ApiVersionRoute, pkg.VersionHandler).Methods
        (http.MethodGet)

    b := r.PathPrefix(clients.ApiBase).Subrouter()

    loadDeviceRoutes(b, dic)

    r.Use(correlation.ManageHeader)
    r.Use(correlation.OnResponseComplete)
    r.Use(correlation.OnRequestBegin)

    return r
}
```

从 LoadRestRoutes() 函数定义可知，该函数的主要工作是为 HTTP 服务加载路由配置。这些路由配置包括 Ping Resource、Configuration、Metrics、Version 和 Device 五部分。

### 2. 组件启动

Core-command 组件启动具体如下所示。

```
edgex-go/cmd/core-command/main.go
func main() {
    ...
    bootstrap.Run(
        configDir,
        profileDir,
        internal.ConfigFileName,
        useRegistry,
```

```
            clients.CoreCommandServiceKey,
            configuration,
            startupTimer,
            dic,
            []interfaces.BootstrapHandler{
                secret.NewSecret().BootstrapHandler,
                database.NewDatabase(&httpServer, configuration).BootstrapHandler,
                command.BootstrapHandler,
                telemetry.BootstrapHandler,
                httpServer.BootstrapHandler,
                message.NewBootstrap(clients.CoreCommandServiceKey, edgex.
                    Version).BootstrapHandler,
            })
    }
```

从以上逻辑可知，该函数的主要工作是启动Core-command组件。在EdgeX Foundry中，Core-data、Core-metadata、Security-file-token-provider、Security-proxy-setup、Security-secrets-setup、Security-secretstore-setup、Support-logging、Support-notification、Support-scheduler、Sys-mgmt-agent的源码结构和Core-command高度相似，感兴趣的读者可以参照本节分析。

## 9.4 本章小结

本章从搭建开发环境、安装相关工具着手，分析了EdgeX Foundry源码的整体结构、各源码目录的作用、各组件的源码入口和调用流程。